"十四五"时期国家重点出版物出版专项规划项目

中国城乡可持续建设文库

丛书主编 孟建民 李保峰

Comprehensive Technical Guide
for Hydro-adaptive Settlements in Cold Regions

寒冷地区适水性住区综合技术指南

陈天 王柳璎 著

华中科技大学出版社
http://press.hust.edu.cn
中国·武汉

图书在版编目（CIP）数据

寒冷地区适水性住区综合技术指南 / 陈天, 王柳璎著. -- 武汉 : 华中科技大学出版社, 2024. 12.
（中国城乡可持续建设文库）. -- ISBN 978-7-5772-0060-6

Ⅰ. TU984.12-62

中国国家版本馆CIP数据核字第20248HB181号

寒冷地区适水性住区综合技术指南　　　　　　　　　　　　　　陈　天　王柳璎　著
Hanleng Diqu Shishuixing Zhuqu Zonghe Jishu Zhinan

出版发行：华中科技大学出版社（中国·武汉）　　　　　　电话：（027）81321913
地　　址：武汉市东湖新技术开发区华工科技园　　　　　　邮编：430223

策划编辑：张淑梅　　　　　　　　　　　　　　　　　　　封面设计：王　娜
责任编辑：赵　萌　　　　　　　　　　　　　　　　　　　责任监印：朱　玢

印　　刷：湖北金港彩印有限公司
开　　本：710 mm×1000 mm　1/16
印　　张：12.5
字　　数：206千字
版　　次：2024年12月 第1版第1次印刷
定　　价：88.00元

投稿邮箱：zhangsm@hustp.com
本书若有印装质量问题，请向出版社营销中心调换
全国免费服务热线：400-6679-118　竭诚为您服务
版权所有　侵权必究

内容提要

本书结合国内外适水性住区案例和建设经验，研究综合城市规划与水资源管理、环境管理、市政工程、城市管理等多学科的技术方法，提出寒冷地区适水性住区评价体系与空间规划模式以指导建设实践。针对多种水体类型与空间层次，提出从宏观到微观层面，包含水资源利用、水生态修复、水安全防控、水气候适应的多项技术方法，为我国寒冷地区城市住区的空间规划编制提供详细、具体的技术引导。

国家自然科学基金面上项目（52078329）：
寒冷地区适水性住区空间规划模式与方法研究

作者简介

陈 天 天津大学英才教授，博士生导师，国家一级注册建筑师，天津市规划设计大师，天津大学建筑学院城市空间与城市设计研究所所长，城市设计学科学术带头人，天津大学"天津市旧城改造生态化技术工程中心"副主任。陈天教授担任教育部高等学校城乡规划专业教学指导分委员会副主任、教育部高等学校建筑类专业教学指导委员会委员、自然资源部空间发展与城市设计技术创新中心技术委员会委员、中国城市规划学会第六届理事会常务理事、

中国建筑学会城市设计分委会常务理事、中国城市科学研究会韧性城市专业委员会常务理事、中国城市规划学会城市设计学术委员会委员、中国城市规划学会乡村规划与建设学术委员会委员等，还是澳门城市大学创新设计学院客座教授，日本庆应义塾大学城市信息学部研究室客座研究员。长期从事城市规划、城市设计等领域的教学与科研工作，在生态城市规划、生态城市设计、住区规划理论研究与实践创作等领域取得丰硕的学术成果。主持或参与国家级、省部级科研课题20余项，主编教育部"十三五"建筑类"城市设计"重点教材，出版专著、译著及教材12部，在国内外重要期刊发表论文100余篇，主持建筑与规划设计实践项目80余项，曾获2003年度天津市科学技术进步奖二等奖、2009年度全国优秀村镇规划设计奖（灾后重建）一等奖、中国城市规划学会2019—2020年度杰出学会工作者奖、2009年度天津市优秀村镇规划设计（灾后重建优秀规划设计）一等奖、2020年"华夏建设科学技术奖"二等奖等重要奖项，并获天津市政府授予的"教书育人"教学楷模先进称号。

王柳璎 天津大学建筑学院建筑学专业博士研究生，主要研究方向为生态城市设计、低碳建筑、城市微气候等。参加国家自然科学基金国际（地区）合作与交流项目、国家自然科学基金面上项目、"十三五"重点研发项目等多项课题工作。在 Land、Urban Climate、《科技导报》、《国际城市规划》，以及国际中国规划学会（IACP）年会、中国城市规划年会等国内外期刊与会议上发表或宣讲论文13篇。

致　谢

本研究团队立足于寒冷地区城市环境的适水性特征，重点针对水资源管理、生态安全、城市防灾以及居住环境品质等核心问题开展了一系列研究工作，并将核心成果汇集成这本书《寒冷地区适水性住区综合技术指南》。本书旨在为相关领域的学者提供寒冷地区适水性城市规划设计的理论与方法参考，同时为城市规划与建设部门制定发展战略和实施城市建设活动提供科学依据。此外，书中收录了丰富的调研数据与空间分析，将为不同领域的读者深入了解寒冷地区的城市环境与适水性特征提供有价值的帮助。

本书凝聚了研究团队的辛勤付出与不懈努力。在此，要特别感谢天津大学的高级工程师臧鑫宇、建筑学院教授卞洪滨，以及天津市市政工程设计研究院的高级工程师李国金对本课题的支持；感谢天津大学建筑学院校友贾梦圆、王佳煜、张睿在研究内容上的指导；特别感谢天津大学建筑学院校友宋雨菲在数据、方法和实践方面给予的大力支持，为课题研究奠定了坚实基础，是本书得以完成的重要保障。同时，感谢天津大学建筑学院的石川淼、刘君男、王高远、王逸轩、陈赛怡、于洋几位博士在本书撰写过程中的辛勤工作，以及王贞欢、王淼、左明皓、卢映知、刘子扬、李沐寒、李蕴婷、张鑫、秦海岚等同学在研究与数据支持方面的贡献。最后，特别感谢国家自然科学基金对面上项目（52078329）"寒冷地区适水性住区空间规划模式与方法研究"的支持。

序　言

　　随着全球气候变化的加速，城市中人工环境与自然环境之间的矛盾也愈发突出。化解自然水体和人工水体系统与城镇建成环境之间的矛盾，构建"人-水-城"健康和谐的共生关系是推动我国城市可持续发展、高质量发展的一个关键。在寒冷地区，人居环境的优化已成为实现高质量发展的一项重要任务。面对严峻的自然条件，如何通过科学、系统的适水性住区技术，提高居民生活品质，顺应生态文明建设的要求，成为我们面临的挑战。《寒冷地区适水性住区综合技术指南》的编制，正是为了回应这一挑战，为顺应我国城市高质量发展的生态需求、满足提升住区规划理论和方法体系的迫切需要、推动城水耦合协调发展理念在城市建设中的实践应用，引导相关地区在住区规划、建设、管理过程中，综合运用现代科技，实现与自然环境的和谐共生。

　　我国华北地区中部、西北地区东部、华中地区北部与华东地区北部的大部分地区，隶属于建筑气候区划中的寒冷地区。这类地区是我国人口较为集中的区域，由于过去多年的高强度开发建设，以及气候变化过程，这类地区出现了水资源匮乏、水生态脆弱、水循环不畅、水环境不合理利用以及水灾害发生频率增高等问题。如何合理规划水资源及周边城市建设区域，成为当地居民和规划者面临的重要问题。编写本指南的目的是为寒冷地区的规划者、建筑师和设计师提供一份全面的资料，帮助他们更好地理解和应对这些挑战。本指南将深入探讨在寒冷地区如何实现水环境的管理，以及如何在城市规划、住区规划和建筑设计中考虑寒冷气候的特点。通过整合最新的科学研究和实践经验，本指南将提供一系列的最佳实践和创新解决方案。

本指南涵盖了多个方面的内容，包括水资源利用、水生态修复、水安全防控、水气候适应四大板块，涉及理论构建、城市空间与住区的规划设计、技术指导与管理策略等诸多方面。本指南总体上结合适水性所包含的四方面因素需求，构建了适水性住区评价的方法与评价体系，并提供空间优化模式的指导。具体包括以下五大部分。① 前沿与背景：对适水性相关的政策背景进行阐述，并提出本指南的编制目的和应用范围。② 适水性住区基本内涵：阐述了"适水性"与"适水性住区"的概念，并总结提出了适水性住区的特征。③ 适水性城市与住区案例：汇集了来自全球各地的案例研究，包括新加坡、天津中新生态城在内的多个城市与住区的适水性规划案例，旨在展示不同地区在水环境管理和住区规划方面的成功经验；总结了优秀案例中的规划要点，为适水性的理论构建与空间优化策略提供指导。④ 适水性住区评价方法与体系构建：阐述了水资源、水生态、水安全与水气候四者之间的耦合影响机制，并构建起针对寒冷地区的综合性适水性住区评价体系。⑤ 适水性住区空间优化模式：在评价体系的基础上，从水资源、水生态、水安全、水气候四方面提出优化策略与空间模式指引。

作为一本综合技术指南，本书不仅提供了理论知识，还提供实用工具和资源，以帮助您在实际工作中应用所学。在编写指南的过程中，我们得到了城乡规划、建筑学、景观园林、环境科学、市政工程学等领域的专家支持，获取了宝贵的意见和建议。我们希望本指南能够激发城市规划师与水资源规划与管理相关工作者的灵感，并提供有益的参考。本指南将理论与实践相结合，以便相关领域的学生、教师、从业者能够更好地了解城市与住区的适水性，应对寒冷地区适水性规划的挑战。

　　最后，要感谢所有为本指南作出贡献的人。他们的专业知识、经验和热情使得这本指南得以完成。希望这本书能够成为您的指南，为您在寒冷地区的工作提供支持和指导。

目　录

1

前沿与背景

1.1 政策背景

寒冷地区适水性住区建设的政策背景深植于国家对于可持续发展和生态文明建设的战略决策。自 21 世纪初以来，随着全球气候变化的影响日益显著，特别是在城市化率较高、人口密集、气候环境挑战性大的寒冷地区，住区建设面临着环境适应性和资源节约性的双重挑战。为了顺应生态文明建设的新要求、提高居民生活品质和积极应对气候变化，在国家层面逐渐形成一系列相关政策。

1.1.1 可持续发展战略与"十四五"规划

在新时代的发展潮流中，我们面临着前所未有的转型挑战和历史性机遇。随着全球范围内绿色发展理念日益深入人心，如何在发展与保护之间找到平衡，成为一个亟须解答的问题。早在 2003 年，《中国 21 世纪初可持续发展行动纲要》中就明确提出建设资源节约型和环境友好型社会的目标。

随后，《中华人民共和国国民经济和社会发展第十四个五年规划和 2035 年远景目标纲要》（简称"十四五"规划）提出的必须遵循的原则中，包括："坚持新发展理念。把新发展理念完整、准确、全面贯穿发展全过程和各领域，构建新发展格局，切实转变发展方式，推动质量变革、效率变革、动力变革，实现更高质量、更有效率、更加公平、更可持续、更为安全的发展。"

"十四五"规划对打造河流、海洋等水环境的生态品质提出要求。提出"探索建立沿海、流域、海域协同一体的综合治理体系"，"推动绿色发展，促进人与自然和谐共生"。坚持绿水青山就是金山银山理念，坚持尊重自然、顺应自然、保护自然，坚持节约优先、保护优先、自然恢复为主，实施可持续发展战略，完善生态文明领域统筹协调机制，构建生态文明体系，推动经济社会发展全面绿色转型，建设美丽中国。

正如"十四五"规划所强调的，需要把新发展理念贯穿发展的全过程和各个领域。这不仅意味着在宏观层面上进行战略调整，也意味着在微观层面上进行实践革新。在这一理念的指导下，城市与水环境的发展方式将被转变，在"十四五"规划所描绘的发展蓝图中，水环境的保护与治理占据了重要位置。水作为生命之源，具有其独特的重要性。然而，由于长期以来对自然资源的过度利用和对环境保护的忽视，水资源短缺和水环境污染已成为全球性问题。中国作为世界上的人口大国，水资源的保护和治理更是重中之重。

"十四五"规划中"人与自然和谐共生"及"人水和谐"的理念为未来发展指明了方向：在促进经济社会快速发展的同时，确保水资源的合理利用和水环境的有效保护。为实现这一目标，"十四五"规划倡导建立沿海、流域、海域协同一体的综合治理体系。这一创新性的治理模式，要求我们打破行政区划的壁垒，建立跨区域、跨部门的协作机制，共同应对水环境保护和治理面临的挑战。

这意味着规划的整体模式要从传统的量的扩张转向质的提升，从过度依赖资源消耗转向提高资源使用效率，从单纯追求经济增长速度转向更加注重发展质量和效率，从而实现经济发展的全面绿色转型。我们需要构建一种新的发展格局，使其既能够促进经济增长又能够保障环境可持续的发展路径。在此框架下，寒冷地区的城镇化进程应更加注重与自然环境的和谐共生，特别是在住区规划与建设中，要突出适水性设计的重要性，充分考虑地区气候特征，提升建筑的能效水平和居住环境的舒适性。

1.1.2 建设"人水和谐"的美丽中国

2020 年 7 月，我国生态环境部提出"十四五"水环境保护要更加注重"人水和谐"。"十四五"期间的水环境生态保护工作，要在水环境改善的基础上，更加注重水生态保护修复，注重"人水和谐"，让群众拥有更多生态环境获得感和幸福感。

习总书记曾指出："在我们五千多年中华文明史中，一些地方几度繁华、几度衰落。历史上很多兴和衰都是连着发生的。要想国泰民安、岁稔年丰，必须善于治水。"水是生存之本，调水和节水这两手要同时抓。水环境问题被高度关注，我国重要流域城市应当协调好开发与环境保护之间的关系，统筹自然生态各要素进行治水。对于水环境保护、水污染治理，应当对流域各段进行全面统筹，以达到最优效果。

2023 年 7 月，习总书记在全国生态环境保护大会上的讲话中强调："碧水保卫战要促进'人水和谐'。统筹水资源、水环境、水生态治理，深入推进长江、黄河等大江大河和重要湖泊保护治理。扎实推进水源地规范化建设和备用水源地建设，保障好城乡饮用水安全。"

2024 年 3 月在"世界水日"和"中国水周"，习总书记高度重视水资源的保护利用，围绕水资源节约、水环境治理、水生态保护修复等作出一系列重要论述，为建设人水和谐的美丽中国提供了根本遵循。

在"十四五"期间，对重要水域的生态环境保护规划的制定，更多地考虑了生态因素，形成了一个全面的规划指标体系，涵盖了水资源、水生态和水环境。这一阶段的规划强调设定创新性的目标，提出了水环境治理成效等具体要求。干涸河流的生态流量应获得逐步恢复，受损的湖泊和河流的生态功能应被修复，健康的生态系统应当被建立。此外，在"人水和谐"的建设中，应重视人水互动和提高公众周围水体的环境质量，以满足居民对景观、休闲活动、钓鱼和游泳等亲水活动的需求，强调以河流和湖泊为核心，满足公众对清澈美丽河流的期待。

从地理空间的角度来看，河流上游和下游、左岸和右岸的污染物都可能会流入河流；从因果关系来看，河流和湖泊直接受到水污染和生态破坏的影响，基础设施缺失、超标排放和生态破坏等问题，最终都会在河流和湖泊中显现。因此，水生态环境治理是一项复杂的任务，需要社会各方配合，以做好河流和湖泊环境的相关工作。

1.1.3　生态文明建设指导方针

2015 年 5 月，中共中央、国务院提出《关于加快推进生态文明建设的意见》（以下简称《意见》）。国家强调将生态文明建设纳入社会主义现代化建设全局。面对总体上看我国生态文明建设仍滞后于经济社会发展，资源约束趋紧，环境污染严重，生态系统退化，发展与人口资源环境之间的矛盾日益突出的现实情况，为保障经济社会的可持续发展，加快推进生态文明建设已经成为当务之急。

加快推进生态文明建设是积极应对气候变化、维护全球生态安全的重大举措。《意见》提出节约优先、保护优先、自然恢复为主的基本方针，绿色发展、循环发展、低碳发展的基本途径。水环境的改善作为生态环境总体改善的重要目标之一，包括大气环境、重点流域和近岸海域水环境得到改善，重要江河湖泊水功能区水质达标率提高到 80% 以上，饮用水安全保障水平持续提升，土壤环境质量总体保持稳定，环境风险得到有效控制。在强化主体功能定位、优化国土空间开发格局方面，提出构建平衡适宜的城乡建设空间体系，适当增加生活空间、生态用地，保护和扩大绿地、水域、湿地等生态空间；大力推进绿色城镇化，提高城镇供排水、防涝、雨水收集利用、供热、供气、环境等基础设施建设水平，加强城乡规划"三区四线"（禁建区、限建区和适建区，绿线、蓝线、紫线和黄线）管理，向城市中水环境空间与其他建成空间之间的关系统筹提出挑战。

《意见》指出了海洋水环境保护的重要性。海洋对全球气候、生物多样性保护和资源供给起着至关重要的作用。世界上的水循环是一个整体，陆源污染是导致海洋环境退化的主要原因之一。通过严格控制和管理污染排放，可以有效防止对海洋生态系统的进一步破坏，保护海洋生物多样性，并维持海洋生态平衡。因此，从陆地流域开始，严格控制陆源污染物排入海洋的总量，实施排污总量控制制度，加强海洋环境治理尤为重要。这涉及整治海域海岛、保护修复生态系统，特别是对于重要、敏感和脆弱的海洋生态系统。通过《意见》指导，本指南提供节约资源、减少污染和修复生态的有效手段。通过技术手段，城市可以更加高效地管理水资源，应对水相关的风险和挑战，并促进绿色、低碳的经济发展模式。通过加强海洋资源管理和保护、推动科技创新和发展绿色产业，城市可以在经济发展和环境保护之间找到更加和谐的平衡点，确保未来世代也能享有丰富的水资源和健康的生态环境。

同时，《意见》指出了资源节约，尤其是水资源节约的重要性。城市适水性关系到城市的可持续发展、居民生活质量和生态环境保护。总的来说，城市适水性强调在城市规划和管理中考虑水资源的保护、节约和有效利用。节约资源对于缓解资源的瓶颈约束至关重要。资源如水、土地和矿产等是有限的，而随着人口的增长和城市化的加速，这些资源的消耗速度正在加快。如不采取措施，这将导致资源枯竭、环境退化，从而最终影响到人类的生存和发展。为此，节约资源被视为极高效的策略之一，它不仅有助于保护和修复生态系统，还能确保资源的长期可持续利用。节约用水是建设节水型社会的关键组成部分。城市作为水资源消耗的主要场所，水资源的合理利用和管理对于维持城市的正常运作至关重要。通过实施节水措施和技术，可以大幅降低水资源的消耗强度。同时，通过开发利用再生水和其他非常规水源，可以进一步提高水资源的利用效率，提高水资源的安全保障水平。通过节约和高效利用水资源，加强生态保护和修复，不仅能够提升城市的韧性和应对自然灾害的能力，提升城市适水性，还可以为居民提供更高质量的生活，保障经济社会的可持续发展，并为全球生态环境的改善作出贡献。

我国近些年有关可持续发展与生态文明建设的政策具有其深远意义，在不同程度上昭示了一个全局性的视角和前瞻性的规划。这些政策不仅根植于国家层面对可持续发展和生态文明建设的长期承诺，而且紧密联系着对全球气候变化趋势的理解和应对。在这一背景下，特别是在面对寒冷地区城市化进程加速、人口集中增多以及气候变化带来的复杂挑战时，住区建设的策略需要更加注重环境适应性和资源节约性。实施与"十四五"规划相协调的可持续发展战略，倡导建立与自然水循环相协调的生活空间，强调生态文明建设的重要性和紧迫性，不仅体现了对国家发展规划的坚定执行，还展示了一种将人类福祉与自然环境平衡发展的智慧和远见。在以上政策框架下，在建设过程中需要综合考虑气候变化的长期影响，优化资源使用和能源消耗结构，同时确保社会经济活动的稳定发展与自然生态系统的和谐共生。这不仅要求政府在规划和建设中采用创新和科学的方法，还需要社会各界特别是城市规划部门、建筑行业、环境保护部门和居民社区的积极参与和协作。

　　此外，这些政策的实施也是对国际社会的一种承诺，展现了国家在全球环境治理中的负责任态度。这不仅有助于达到国内的生态和社会目标，也有助于实现联合国提出的可持续发展目标，尤其是在应对气候变化、保护水资源、构筑可持续城市和社区等方面。通过这些举措，寒冷地区的适水性住区建设将成为全球环境和可持续发展实践中的一个闪亮典范，为其他区域提供宝贵的经验和启示。这些政策的推行将不断加强人们对生态文明重要性的认识，促进更加公正合理的资源分配，增强社会的整体适应能力，同时为保护全球生态环境作出积极和持久的贡献。

1.2 编制目的

我国目前的水环境使用面临种种问题。生态规划理念兴起，各界越来越重视城市与水环境之间耦合关系研究的重大价值。城市在规划、建设和发展过程中对水资源的合理利用和有效管理的能力，直接反映为城市的适水性程度，以及在面对水相关灾害如洪水、干旱、水污染时的应对和恢复能力。城市适水性作为城市可持续发展的关键要素，它要求城市在利用水资源时考虑长期的生态平衡和社会经济需要。适水性作为越来越受到关注的一个概念，它涉及城市的可持续性、居民福祉和生态健康。

随着我国人口规模和城市规模的不断扩大，城市适水性所面临的主要水问题分为城市建设的协调发展在水资源、水生态、水安全、水气候等方面所面临的问题（图1-1）。水资源、水生态、水安全和水气候是人类生活和生态系统中不可或缺的要素，它们相互依存，共同构成了地球上的水循环系统。在资源开发与节约的过程中，将节约视为优先考量的原则不仅体现了一种可持续发展的哲学，而且确保了有限的水资源可以更高效地服务于经济社会的发展。经济增长不应以牺牲环境和生态为代价，而是应通过高效循环利用资源、严格保护生态环境来促进。这种思路反映了对未来发展的长远考虑，以及对维护地球生态系统平衡的深刻认识。

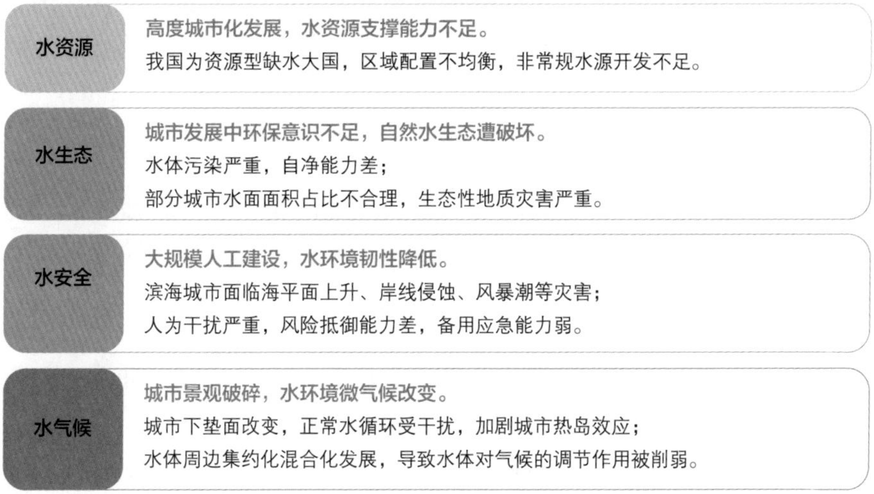

水资源	高度城市化发展，水资源支撑能力不足。 我国为资源型缺水大国，区域配置不均衡，非常规水源开发不足。
水生态	城市发展中环保意识不足，自然水生态遭破坏。 水体污染严重，自净能力差； 部分城市水面面积占比不合理，生态性地质灾害严重。
水安全	大规模人工建设，水环境韧性降低。 滨海城市面临海平面上升、岸线侵蚀、风暴潮等灾害； 人为干扰严重，风险抵御能力差，备用应急能力弱。
水气候	城市景观破碎，水环境微气候改变。 城市下垫面改变，正常水循环受干扰，加剧城市热岛效应； 水体周边集约化混合化发展，导致水体对气候的调节作用被削弱。

图 1-1 我国面临的主要水问题

在水资源方面，我国为资源型缺水大国，区域配置不均衡，非常规水源开发不足。我国城市化快速发展，水资源面临支撑能力不足的问题。水资源的合理利用和保护对于维持生态系统的健康至关重要。水不仅是生命之源，也是经济活动的基础。水资源的短缺和污染问题可能导致生态失衡，威胁人类健康，限制经济发展。因此，在开发中保护水资源，确保其质量和可持续性，对于实现长远的绿色发展至关重要。

在水生态方面，部分城市的水面因城市建设被侵占，水面面积占比不合理，生态性地质灾害严重，水体污染严重，水体的自净能力差。城市发展中环保意识不足导致自然水生态屡遭破坏。水生态的修复有助于确保生物多样性的保护，维持生态系统服务的提供，对抗气候变化的影响。自然恢复和人工修复的结合可以更有效地复原受损的水生态系统，保护水资源，从而为人类提供清洁的饮用水，以及为农业和工业提供必要的用水。清洁的水环境能够减少疾病的传播，提供适宜的休闲和旅游环境，同时增强人们的幸福感。

在水安全方面，大规模人工建设导致水环境韧性降低。滨海城市面临海平面上升、岸线侵蚀、风暴潮等灾害，人为干扰严重，导致水环境的风险抵御能力差，备用应急能力弱。水安全体系的构建不仅关乎自然生态，也直接影响人类的健康和生活质量。城市抗击水灾害的能力提升，能够有效增强城市韧性，减少经济损失，使人民安居乐业。

在水气候方面，城市下垫面的改变，干扰了正常的水循环，加剧了城市热岛效应。水体周边集约化混合化发展，导致水体对气候的调节作用被削弱。种种情况导致城市景观破碎，水环境微气候改变。从宏观角度看，水气候的研究有助于更好地理解和预测气候变化对水资源的影响，从而为水资源管理、农业规划、防洪控制等提供科学依据，降低极端天气事件发生的风险。从微观角度看，水气候的利用与调节，能够有效塑造良好的城市居住环境，减少不必要的能源浪费，满足绿色低碳的城市发展诉求。

综上所述，水资源的节约、水生态的保护、水安全体系的构建以及对水气候变化的适应都是保障经济社会可持续发展的根本。这需要政府、市场和社会三方面的共同努力：政府要通过深化改革和创新驱动，建立完善的生态文明制度体系；市场要发挥资源配置的决定性作用；而社会则需要培育生态文化，提高公众的环保意识。

同时，国土的合理规划和利用是实现这些目标的基础。主体功能区战略的实施，必须充分考虑资源环境承载能力，合理划分和规划生产、生活和生态空间。大力推进绿色城镇化也是至关重要的环节。这既包括对城镇开发强度的严格控制，以减少对自然环境的干扰和损害，也涉及提高基础设施建设水平等方面。

针对以上的问题和诉求，结合水资源、水生态、水安全和水气候的保护与合理利用的诉求，在国土空间合理规划和利用的指导下，本指南提出了以下几项基本编制目的，以促进生态文明建设，保障经济社会的可持续发展。希望通过采取措施，构建节约资源和保护环境的空间格局、产业结构和生产方式，实现人与自然和谐共生。

1. 顺应我国城市高质量发展的生态需求

我国城市发展中对生态文明建设给予高度重视，为此编制《寒冷地区适水性住区综合技术指南》。该指南以实现水资源可持续利用和水生态系统保护为核心，促进寒冷地区城市可持续发展。考虑寒冷地区独有的自然条件和发展背景，如水资源的季节性分布不均、生态环境的敏感性以及对水循环影响显著的人类活动，制定一套科学合理的技术指南成为顺应和引导生态需求的关键措施。

寒冷地区是我国人口较为集中的区域，过去多年的高强度开发建设，以及气候变化过程，造成该地区水资源匮乏、水生态脆弱、水循环不畅、水环境不合理利用以及水灾害发生频率增高等问题。因此走生态发展的道路是未来的必然选择，本研究将遵循城市建设的科学规律、秉承生态发展的理念，采用先进的技术手段，提出寒冷地区适水性城市住区空间规划模式与技术，顺应当今人居环境绿色、生态的导向。本指南将在深刻理解寒冷地区城市高质量发展需求的基础上，综合考虑城市规划、建设与管理等多个层面，力求在保障水资源的合理分配和有效利用，加强水生态系统保护，优化水循环管理，同时减少和预防水灾害风险等方面发挥关键作用。

2. 满足提升住区规划理论和方法体系的迫切需要

我国城市化进程已经进入转型的关键期，随着城市化进程的不断深入，居民生活水平的不断提高，城乡建设与自然资源及环境保护之间的矛盾日益尖锐，对住区规划的要求也越来越高。在城乡建设及人的发展与资源环境破坏之间矛盾日趋凸显的背景下，传统的住区规划、建设理论及方法体系已不足以应对这一新情况，难以适应未来的住区发展要求。住区不仅需要满足基本居住功能，还需要提供健康、安全、舒适、便捷的居住环境。特别是在水资源利用和生态环境保护方面，需要一种全新的规划理念和方法。

特别是在寒冷地区，极端气候条件使得住区规划面临更为复杂的挑战。因此，构建一个与时俱进的住区规划理论和方法体系，符合当前生态文明建设的要求，不仅是必然趋势，也是解决现实问题的迫切需要。为了解决这一问题，本研究着眼于将寒冷地区的气候特性、水资源配置和生态保护要求纳入住区规划的全过程。通过科学的分析和实践的总结，本研究旨在构建一套寒冷地区适水性住区规划的理论框架，涵盖从宏观到微观的规划原则、规划流程、技术方法及评价标准。在规划原则上，强调与自然和谐共生的理念，坚持以人为本，追求生态、经济、社会和文化的多重价值整合。在技术方法上，引入现代技术手段，如地理信息系统（GIS）空间分析、城市微气候仿真模拟、低影响开发（LID）技术等，为规划实践提供切实可行的工具。在评价标准上，建立综合性的评价体系，将水资源利用效率、生态环境质量、社区活力等多维度指标纳入考量范围。在优化模式上，依托水资源、水生态、水安全及水气候的相互影响和内在联系，采用空间模式优化策略，实现住区规划中水循环系统的最优配置和高效管理。这涉及对水资源的合理分配与利用，确保水生态系统的完整和功能的持续性，同时预防和减轻水安全风险，以及对水气候条件进行精准评估和制定适应性规划。这种综合性的空间布局和功能配置，能够有效提升整个住区应对气候变化的韧性和防御水相关灾害的能力，确保住区长期的水安全和水环境质量，促进人水和谐共生的健康发展。

具体而言，本指南将从以下几个方面（图1-2）入手。

因此，本指南不仅可以完善和丰富当前寒冷地区适水性住区规划的理论体系，还能为实践提供创新的规划方法和有益的技术指导，填补适水性住区规划的理论空白，为我国城市住区的可持续发展提供坚实的理论基础和方法路径。

3. 推动城水耦合协调发展理念在城市建设中的实践应用

在城市发展的现代理念中，城水耦合协调发展已成为推动城市可持续发展的重要战略之一。本指南立足于构建与寒冷地区气候和水资源条件相适应的住区规划方法，旨在推进城市与水环境的和谐共生。通过对寒冷地区适水性住区空间规划的深入研究，本指南不仅提供了实用的规划模式和技术措施，而且还形成了配套的设计导则，为后续的规划实施与管理提供了清晰的指导框架。

依托现有的规划方法，并融入创新的空间分析工具、水资源管理技术和生态环境评估方法，形成一套科学的规划方法体系，以指导实践操作。

综合考虑寒冷地区的气候特点、水资源条件和生态环境需求，提出符合寒冷地区特性的住区规划新理论，形成一套完整的理论框架。

理论构建

方法创新

实践指导

结合具体案例，分析和概括寒冷地区适水性住区规划的最佳实践，提供可操作的指导和策略。

为政策的制定提供参考。

政策支持

图 1-2　指南构建框架

本指南强调以水资源的合理配置和高效利用为核心，注重水生态保护和水安全，同时充分考虑水气候的影响，从而确保在寒冷地区城市建设中实现水资源的可持续利用和城市空间的优化布局。此外，研究成果的实际应用将促进相关建设标准的科学制定，引导住区规划和建设实践朝着更加生态、高效、适应性强的方向发展。

进一步而言，本指南不仅为寒冷地区住区规划的具体操作提供了科学依据和技术支持，还有望对政府相关政策的制定和决策过程产生积极影响。通过实践验证和评估，可以进一步完善适水性住区规划的理论体系和应用方法，推动该领域的创新发展。

因此，本书借助最新科研成果和技术创新，形成了一套适应寒冷地区特性的、具有实际操作性的空间规划与技术应用体系。本指南的编制和推广应用，目标不仅是在水资源相对紧张的寒冷地区实现水资源的高效配置和循环利用，更是在城市规划与建设过程中体现生态保护的主导原则，实现人与自然和谐共生的城市环境。

1.3 适用范围

本指南旨在为适水性城市与住区的规划与建设提供全面的参考框架和具体方法。指南详细介绍了一系列的适水性城区与住区案例，展示了在不同的环境和社会经济条件下，如何将适水理念融入城市与住区的发展中。同时，本指南提出了一套综合的适水性住区评价方法与体系，旨在量化和评估住区在水资源利用、水生态修复、水安全防控和水气候适应等方面的表现。

在理论和应用的结合上，本指南构建了包含多个维度的评价体系，涵盖了自然条件、社会经济因素、技术措施和政策支持等方面。指南中的空间规划方法框架为住区的水敏性设计提供了结构化的步骤，包括空间规划要素的识别、定性与定量分析技术，以及在此基础上生成的规划设计方法。这一系列的工具和方法能够指导从事规划和设计的专业人员确立适水性战略，从而提升住区在环境适应性、资源效率和社会福祉方面的绩效。

本指南面向我国东部寒冷地区，以京津冀区域为主，提供了针对性的指引，帮助这些区域的城市在涉水住区规划方面实现更好的"适水性"空间规划。指南所述的原则和方法适用于住区从规划、建设到更新的全过程，确保系统性地评价和实施适水性策略。除此之外，虽然本指南主要针对特定地区，但其核心内容和指导策略也适用于其他具有相似地理和气候特征的城区与住区。这为不同区域的可持续发展建设提供了重要的参考。对于指南未涉及的领域，用户应参照国家和地方现行的相关规定和标准予以补充和执行，确保在更广泛的范围内实现"适水性"规划的有效性和合规性。

本指南所提到的寒冷地区是指《建筑气候区划标准》（GB 50178—93）中所划分的第Ⅱ建筑气候区。在《建筑气候区划标准》中，寒冷地区包括我国以下三处主要部分：一为新疆南部及周边区域，二为西藏南部及周边区域，三为华北地区中部、西北地区东部、华中地区北部与华东地区北部的大部分地区。由于前两者的居住模式、人口结构、气候环境等特征与后者差异较大，因此本指南的适用范围仅为寒冷地区中华北地区中部、西北地区东部、华中地区北部与华东地区北部的大部分地区。这一区域涉及的省（市、区）包括：北京市、天津市、河北省、辽宁省、江苏省、山西省、陕西省、宁夏回族自治区、甘肃省、山东省、河南省的部分区域。

我国东部寒冷地区多为平原，属南温带气候，气候特点为冬季较长且寒冷干燥，夏季较炎热湿润。气温年较差较大，日照较丰富。该区域春、秋季相对较为短促，气温变化剧烈。春季雨雪稀少，多大风沙尘天气，夏秋多冰雹和雷暴。气候相对温和，但也在极端情况下面临不小的气象灾害挑战。具体数据参见图1-3。

《建筑气候区划标准》对这一区域的城市规划与建筑设计提出了一定要求，在夏季与冬季的气候适应性上俱有需求。建筑物应满足冬季防寒、保温、防冻等要求，夏季部分地区应兼顾防热。总体规划、单体设计和构造处理应满足冬季日照并防御寒风的要求，需要防热、防潮、防西晒、防暴雨，兼顾夏季通风和冬季防风密闭性。

本指南所提及的以住区为主的城市涉水空间，是指城市居住环境与部分公共环境中，直接或间接与水关联的空间或空间载体，与水体介质具有关联属性（可视，可接触）；领域具有公共性与半公共性，可以容纳居民参与活动；以居住小区室外空间、公园、广场及其他建筑、构筑物结合形式存在。本书中的住区广义上为城市居住环境，包括公共空间与居住区等多元功能的区域。狭义上的住区为城市中以居住功能为主的各种形态的居住小区。

1月平均气温为−10~0℃，极端最低气温在−30~−20℃；7月平均气温为18~28℃，极端最高气温为35~44℃；极端最高气温大多可超过40℃；气温年较差可达26~34℃。	年平均相对湿度为50%~70%；年雨日数为60~100 d，年降水量为300~1000 mm，个别地方日最大降水量超过500 mm。	年太阳总辐射照度为150~190 W/㎡，年日照时数为2000~2800 h，年日照百分率为40%~60%。	大部分地区12月—翌年2月多偏北风，6—8月多偏南风，陕西北部常年多西南风；陕西、甘肃中部常年多偏东风；年平均风速为1~4 m/s，3—5月平均风速最大，为2~5 m/s。
01 温度特征	**02 湿度特征**	**03 太阳辐射特征**	**04 风环境特征**

图1-3 我国东部寒冷地区气候特征
（资料来源：《建筑气候区划标准》（GB 50178—93））

适水性住区基本内涵

2.1 "适水性"概念

2.1.1 适水性概念的理论基础

1.人居环境科学理论

由联合国组织召开的人类住区大会对全球人类住区的发展有着非同凡响的意义，1976 年 5 月在加拿大温哥华召开的第一届人类住区大会，通过了《温哥华人类住区宣言》，1996 年 6 月在土耳其伊斯坦布尔召开第二届人类住区大会，通过了《伊斯坦布尔宣言》。这两次大会对我国的住区建设和人居环境研究带来深远的影响，并促进了城市绿色生态住区方面的研究和探索。其中，吴良镛院士所提出的"人居环境科学"理论为绿色生态住区的研究奠定了坚实的理论基础。人居环境科学的研究内容十分丰富，以包括村庄、城镇在内的各种形式的人类住区为研究对象；并通过对人与环境关系的研究，把握人居环境产生和发展的客观规律，以期营造一种更加理想的人居环境。吴良镛先生的《人居环境科学导论》，在论述构建人居大环境的同时，为绿色生态住区的建设构建了基本的理论框架,指出了绿色生态住区的研究方向和研究方法，以及绿色生态住区的核心内容。

2.适应性设计

适应性的概念源于达尔文的进化论，它反映了生物体内部自发地产生一些变化，以适应外部生存环境，从而寻求自身的生存。后来，劳伦斯·亨德森（Lawrence Henderson）的环境适应理论强调生物与自然的关系是协调的，在生物进化过程中，环境同样与生物有一种适应关系，其观点完善和发展了达尔文的理论，适应不仅是有机体适应自然，而环境亦适应了有机体。达尔文和亨德森证明了生物世界的适应具有互动性和主动性的特点。

人类学家在 19 世纪逐渐意识到人类社会与自然环境的协调关系，20 世纪二三十年代的西方地理学家认为人类活动和分布对自然环境有一定的适应性，于是人类学和地理学的研究者将适应性理论扩展到了人类社会领域。随着社会生产力的不断提高，人类社会的城市建设问题逐渐显现。一些专家学者将适应性理论引入现代城市发展领域，将城市视为一个有机体，从经济、社会、文化等方面解决当前城市的各种不适应的问题，从经济、社会与文化等多方面改善空间环境，解决人、城市与环境三者之间的协调问题。

适应性理论的核心思想包括系统思想、共生思想和演替思想。系统思想注重事物之间的相互关系，将被研究的部分视为一个整体，各个子部分相互调节、相互合作。例如，中医治疗疾病，更注重人体各器官之间的相互关系。当人体出现疾病时，没有针对疾病的独特治疗方案，而是通过观察、倾听、询问等手段，从人体内部器官乃至气血经络等方面进行系统调理，以便从根本上应对疾病。共生思想侧重的是协调与共生，这在生物界更为常见，主要是两个或两个以上不同种族通过协调获得各自利益的生态思想。演替思想强调的是一种动态适应性，是适应性理论的重要组成部分。与一般的物理思维不同，该思维从生态角度出发，认为生态系统不是静态的，而是动态的、相互的，影响生态系统的因素是不断变化的。

3. 海绵城市理论

海绵城市是一种创新的城市雨水表达和洪水管理模式的概念。众所周知，海绵吸水性强，能很好地滞留体内水分，当它被挤压时，它会释放出水分，其体积本身不会改变。"海绵城市"利用海绵的这一特点，推进城市绿化设施、植草沟、河流湖泊等"海绵体"的规划建设和使用，从而在暴雨期间可以将雨水滞留在城市海绵体中，促进雨水渗透补给、雨水储存和雨水净化，优化水环境的自然生态循环，减少地表径流和洪水灾害的发生。国际上，相应的术语是"低影响开发雨水系统"，旨在建设多个生态和绿色设施，管理城市雨水资源，尽可能将雨水恢复到自然生态循环状态，减少人工环境对水环境的生态干扰。21 世纪初，我国科学家在城市洪涝频发的背景下，积极推进"海绵城市"相关概念的研究，政府部门也主动推进海绵城市试点的建设和运行。我国逐渐认识到建设海绵城市的重要性，为减少城市洪涝灾害的危害、积极促进城市雨水的健康循环与优化雨洪安全管理方法，推进了可浸式绿地、雨水花园、河流等生态绿色设施建设，减少浪费水资源，规范水资源时间分配不均等问题。还积极将雨水资源的气候效应与景观效应相结合，确保水的安全，同时促进水气候和生态价值的发展。

2.1.2 "适水性"概念阐述

适水性（hydro-adaptability）的概念来源于生态适应性理论，反映人类社会在有限的资源环境压力下为了适应环境而作出的变化。郑连生（2012年）在《适水发展与对策》中首次提出"适水发展"的理念。在城市规划领域，适水性作为一种空间规划和建设理念，其强调在城市建设过程中关注城市与水环境系统之间的耦合互馈关系。

当前关于城市与"适水"的相关研究，澳大利亚相关专家提出了水敏性（water sensitive）与水敏性城市设计（water sensitive urban design，WSUD）的概念，该理念为澳大利亚提出的雨水管理与处理方法，WSUD系统可对城市整个水系统进行管理，目的是减小城市化对水环境的影响，同时WSUD也注重保护水生态系统和城市供水安全（图2-1）。WSUD理念主要有：保护自然系统、雨水处理结合景观建设、保证水质、削减径流流量和洪峰流量、降低城市发展成本与增加景观效益同步。此外关于"适水"城市，新加坡出台ABC水计划（A: Active活力，B: Beautiful美丽，C: Clean清洁），

图 2-1 水敏性城市设计理念

（资料来源：根据参考文献 [10] 改绘）

旨在处理好城水关系，拉近人与水之间的关系，运用一个更好的雨水管理方式尽可能将雨水资源收集并处理以循环利用，将下水道、沟渠、水库改造成为富有活力的、美丽的、清洁的河流与湖泊，使之与邻近的土地成为一体，以创造出充满活力的社区公共空间。该计划在注重雨洪安全与雨水利用的同时，积极关注并结合雨水景观与空间设计的内容。

现阶段，我国学者也提出了"适水发展""适水城市""水适应性景观"等与城水关系处理相关的相关概念，将"适水"解释为在水资源匮乏的发展条件下，依靠先进的科学技术开发利用水资源、提出新的水资源利用模式、提高水资源的利用率、选择适宜的生产生活方式优化配置水资源。"适水"的概念可涵盖农业发展、工业发展、城市建设、雨水适应性景观规划与城乡规划等多个领域。

本指南关注在城乡规划领域中与城市住区相关的"适水性"，经过梳理与整合，将"适水性"定义为，通过合理的规划设计方法、先进的技术体系等手段，使城市设计系统的人工环境与自然水生态系统（水环境）之间形成相互适应、共生融合的关系。该概念区别于滨水、亲水、临水、水畔等单纯的空间与物理含义，涉及城市系统要素与不同存在形态"水"之间的共生融合与和谐关系，不仅包括空间环境要素，还包含水资源利用、水生态修复、水安全防控、水气候适应等概念。

2.2 适水性的相关研究

2.2.1 适水性理念相关研究

1. 国外研究动态

目前，国外对城市适水性的研究不多，主要侧重点在水资源利用和水安全防控方面（表2-1）。西方国家近些年逐渐开始对城市适水性进行相关研究，其主要围绕"适水城市""适水发展"等相关概念进行探索。John提出欧洲城市在水系统和可持续发展方面仍然处于领先地位，现如今城市需要提高用水的灵活性、效率和质量。通过对北卡罗来纳州历史渔村的案例研究，Candace认为合理的治理体系可以有效提高水环境恢复能力。

西方国家对"适水性"的研究主要在于政府提出的相关发展理念，并结合城市的实际情况和与水环境有关的发展困境，其不仅注重雨洪安全和雨水资源的利用，而且注重并积极结合雨水资源的景观内容和空间设计。

表 2-1 国外关于"适水"的相关发展理念和策略

"适水"相关理念	提出时间	国家	主要内容	目的
低影响开发（LID）	20世纪90年代	美国	通过下渗、蒸发、捕获和重新利用雨水等方法保持自然水文特征	通过利用基地的自然特征减少雨洪管理的花费
可持续性城市排水系统（SUDS）	20世纪90年代	英国	设置自然生态排水系统，对雨水和地表水进行清洁净化并重复循环使用	增强排水系统的可持续性，改善水质，协调排水系统与环境的关系
水敏性城市设计（WSUD）	20世纪90年代	澳大利亚	城市设计与城市水循环的管理、保护和保存的结合，确保了城市水循环管理尊重自然水循环和生态过程	保持水系统平衡，改善水质，鼓励水体保护和与水系统相关的环境保护
ABC水计划	2006年	新加坡	把环境、水体和社区更好地融合起来，来促进沟渠和水库等雨水元素和城市环境的紧密结合	将水系与城市景观相结合，提供更宜居和可持续的城市环境

2.国内研究动态

我国在处理城市与水的关系方面，主要经历了城水对抗、城水分割、城水和谐、城水共生四个阶段。在了解和研究城市与水的过程中，人们的思想也发生了变化，从最开始与自然水系对抗的思想，到构建堤坝的城水分割布局，到临水而居、顺水而生的协同思想，再到现在适水营城、以水定居的共生共赢发展模式。

对我国的适水性研究进行梳理，结果见表 2-2。

表 2-2 我国适水性相关研究梳理

研究者	名称	主要观点	研究评述
郑连生（2012年）	适水发展与对策	主要从生活用水、雨水资源、城市防洪、再生水等方面阐述城市适水建设与对策	研究主要针对宏观层面的区域与大城市尺度与水环境的关系
王水源（2014年）	城水和谐视角下山地城市城水适应性规划分析——以上杭客家新城为例	从城水安全、生态、景观三个层面探索了山地城市城水适应性规划模式	主要针对山地城市，城水关系研究中缺乏对水气候适应性的探索
陈义勇、俞孔坚（2015年）	古代"海绵城市"思想——水适应性景观经验启示	阐明水适应性研究应与雨洪安全、雨水资源收集、气候适应性及景观设计相结合	该研究侧重于水适应性与景观的关系，并研究总结古代的水适应性景观的思想与实践，但缺乏具体的空间操作实施
杜宁睿、汤文专（2015年）	基于水适应性理念的城市空间规划研究	总结国际水系统空间规划设计的先进理念和思路，在我国城乡空间规划体系中引入水适应性理念，构建城水融合的空间规划体系框架	该研究主要从法律法规方面探讨城水融合的规划体系，提出了从宏观到微观的多层次城水融合应对与实施措施
刘畅（2016年）	传统聚落水适应性空间格局研究——以岭南地区传统聚落为例	基于传统聚落水适应性空间格局保护、更新和现代化利用的需求，研究岭南传统聚落水适应性空间格局的水环境特征	该研究评价了不同类型传统聚落水适应性空间格局的现代应用潜力
张福祥（2016年）	海绵城市背景下城市街头绿地水适应性景观设计研究——以天津市和平区为例	该研究以街头绿地作为研究对象，提出了城市街头绿地在注重景观性与观赏性的同时，应该加强其水适应性的设计，作为城市的绿色设施与"海绵体"	研究聚焦于水适应性与城市绿地系统的关系，侧重于对于水适应性景观的研究
卢熠蕾、孙傅、曾思育（2018年）	基于适水发展分区的京津冀精细化水管理对策	该研究建立了京津冀地区适水发展分区评价指标体系，识别区域水资源可持续发展差异化特征，并提出保护方案	该研究主要针对较大的宏观层面区域，偏重对水资源的管理与分区

研究者	名称	主要观点	研究评述
王越、林箐（2018年）	传统城市水适应性空间格局研究——以济南为例	从区域水网格局约束、防洪需求、用水需求三个方面探讨水环境影响下城市的起源与格局演变，以及基于不同需求的宏观尺度城乡水适应性空间格局特征	总结出了水适应性空间格局，构建顺应自然、水利设施层层叠加与协调运作、自然-人工水系网络内外贯通、依水营建特色居住空间
杜朝阳、于静洁（2018年）	京津冀地区适水发展问题与战略对策	从适水发展的角度分析京津冀面临的问题，提出走适水发展道路的战略对策	该研究提出了在水资源管理、用水模式、节水、虚拟水方面需要进行的战略转换，提出建设适水型城市的必要条件
李超、陈天（2019年）	中观城水关系视角下"适水性"街区设计策略研究	该研究从中观城水关系视角出发，建立街区层面的"适水性单元"，构建街区适水性指标体系，并提出设计策略	从水安全、水资源、水气候和水景观进行研究，得出四个方面相关性因子，建立刚性与弹性并存的街区适水性指标体系
张妤（2021年）	大连核心城区开放空间水适应性与优化策略研究	该研究以开放空间的水文结构特征为对象，运用雨水径流调节服务供需测算途径对开放空间水适应性进行评估，并提出优化建议	该研究从空间分布、土壤入渗特性、径流调节服务三个方面对适水性进行评价并提出改善意见，主要从景观规划的视角进行分析

近年来，国内关于适水性的研究逐渐深入，涵盖城市规划、景观设计和水资源管理等多个领域。研究的重点从宏观区域的水资源管理逐步延伸至微观层面的城市空间和景观设计。郑连生（2012年）从生活用水、防洪与雨水资源利用等角度，探讨城市适水发展的总体策略；王水源（2014年）则聚焦山地城市，分析城水安全与生态适应性。陈义勇和俞孔坚（2015年）通过古代"海绵城市"的研究，提出将水适应性与现代雨洪管理及景观设计结合的重要性。

后续研究逐渐深化，杜宁睿与汤文专（2015年）引入国际先进的水适应性规划理念，构建了多层次的城水融合框架；刘畅（2016年）则从传统聚落的水环境特征出发，探讨其现代应用价值。张福祥（2016年）提出街头绿地的水适应性设计，为"海绵城市"建设提供了具体实践思路。卢熠蕾等（2018年）和王越等（2018年）进一步通过区域和城市水适应性分区管理和格局分析，提出了精细化管理和自然水系协调的策略。杜朝阳等（2018年）通过实行水资源开发利用的多方面战略性转变，重塑城市适水型产业体系，建设适水型城市。李超和陈天（2019 年）以及张妤（2021 年）的研究则更加注重街区和开放空间层面的水适应性评估和优化策略，推动了适水性在城市设计中的应用与发展。这些研究为我国适水型城市建设和水资源可持续利用提供了重要理论支持和实践参考。

总体来说，"适水城市"概念下的研究成果较少，但具有非常大的发展与研究空间与潜力。虽然适水性一词在城市规划建设领域应用时间较短，但从水资源利用、水生态修复、水安全防控、水气候适应等领域开展的适应性设计研究已有一定基础，本书就这四个方面进行进一步的研究和探索。

2.2.2　水资源利用相关研究

水资源，一般是指"一定经济、社会、环境与技术条件下，可供开发利用的淡水资源"。所谓可供开发利用是一个相对的、动态的和复杂的过程，同时各种水的存在形式是相互作用、相互影响、相互转化的。

水资源系统是以水为主体构成的一种特定的系统，是一个由相互联系、相互制约及相互作用的若干水资源工程单元和管理技术单元组成的有机体。水资源系统规划是指应用系统分析的方法和原理，在某区域内为水资源的开发利用和水患的防治所制定的总体措施、计划和安排。在水资源的集约利用方面，国内研究关注其与土地集约利用和空间的优化、水资源空间分布对绿地景观格局的辐射影响，但缺乏定量分析。国外关注水资源利用的方法、模型和应用，以及全球气候变化背景下的可持续发展。基于水资源承载力的空间发展策略、范型、标准是该领域的发展方向。

1. 国外研究动态

西方国家对城市水资源管理的探索起步较早，美国在 1972 年出台的《联邦水污染控制法》修正案中，提出了最佳管理措施（Best Management Practices, BMPs）进行水量调节。20 世纪 90 年代马里兰州提出 LID 理念，从源头进行小规模、分散化径流控制；澳大利亚于 20 世纪 90 年代通过将城市规划设计、水资源管理、市政工程相结合来体现水资源的生态价值、景观价值，在综合了 LID 与 WSUD 理论体系的基础上，明确提出 SUDS 理论，将径流系统与住区环境协调起来。除此以外，《荷兰水城地图》（*Atlas of Dutch Water Cities*）、新加坡 ABC 水计划、日本"水资源开发公团"管理框架都为水资源利用相关研究提供借鉴。

在水资源利用效率评价方面，国外学者的研究主要集中在微观尺度，对水资源利用效率综合评价指标筛选及评价方法的探讨相对较少；在水资源配置评价方面，研究比较分散，对其系统性研究还很少，未建立起一套完整有效的评价体系和标准。

2. 国内研究动态

十多年来，我国城市水资源利用的相关研究集中于城市与城市群、流域尺度，以水资源作为发展制约因素，进行水资源配置优化、经济发展预估等分析，以水利工程专业为主，侧重于探讨水资源制约条件下城市与城市群的资源配置与协同发展问题。我国水资源利用相关研究见表 2-3。

在住区空间内的水资源利用方面，涉及其收集、处理、应用等问题时经常使用高效能设计、海绵化改造、水敏性设计等概念。此外，我国出台了一系列城市、住区、建筑等尺度上雨水资源化利用的相关标准。如《绿色建筑评价标准》（GB/T 50378—2006），在建筑层面指导雨水资源化利用的量化评估体系；《海绵城市建设评价标准》（GB/T 51345—2018）探索城市雨水开发体系并指导地方性标准的制定。相比于西方国家丰富的理论体系与实践经验，我国的水资源利用相关研究仍有较大的发展空间。雨水、中水、地下水、污水等多种水资源统筹管理与利用、城市水生态安全、城市水景观与文化价值等多个方面的研究仍较为匮乏，有待进一步补充发展。随着城市双修、生态城市等概念在国内的发展，适水城市研究应从城市群与流域尺度走向中观、微观的城市片区与住区尺度，以形成完整的城市水资源利用体系。

水资源利用的评价主要集中在水资源承载力评估、水资源利用效率评估以及水资源优化配置。对水资源现状的评价经常采用 DPSIR 模型和水足迹理论，水资源承载力评价以水量、水质方面为主选取指标分析，已有较多的水资源承载力评价方法，包括物元综合评价模型、主成分分析法、模糊物元模型、熵模型、综合评价指标法等。水资源利用效率评价主要集中在评价指标体系的合理构建以及评价方法的科学选择，评价所采用的指标有单指标和多指标体系，主要侧重于用统计方法量化单个经济部门的生产与用水量之间的关系。指标体系构建仍处于探索阶段，并未形成统一标准，评价方法主要有趋势分析法、比率分析法、生产函数法、主成分分析法、层次分析法、集对分析法及其他综合评价方法。

表 2-3　我国水资源利用相关研究梳理

研究者	名称	主要观点	研究评述
白颖、王红瑞、许新宜（2010年）	水资源利用效率及评价方法若干问题研究	探讨了水资源利用效率及其评价的定义和内涵，对各种水资源利用效率评价方法进行了汇总和对比	该文概述了水资源利用效率与生态环境系统、社会经济系统的关系，对不同评价方法进行了比较
吴丹、王士东、马超（2016年）	基于需求导向的城市水资源优化配置模型	文章基于需求导向的城市水资源优化配置模型对城市水资源利用的相关驱动因素进行剖析，建立非线性多目标优化模型，实现城市水资源优化配置	该文对城市水资源利用的相关驱动因素进行剖析，分析水资源需求量与其相关驱动因素之间的逻辑互动关系
张海良（2019年）	锦州市水资源可持续利用综合评价	文章从水资源、水环境、社会经济三个方面建立了指标体系，利用定性与定量相结合的方法综合评价锦州市水资源状况	采用三标度法构造判断矩阵，确定影响因子权重，利用模糊综合评价法与专家评分法建立指标体系，能够很好地反映研究区域的实际状况
艾亚迪、魏传江、马真臻（2020年）	基于AHP-熵权法的西安市水资源开发利用程度评价	应用AHP-熵权法-模糊综合评价法探讨西安市水资源开发利用程度，并建立水资源开发利用评价模型	参照全国水资源供需分析指标体系，量化具体城市的水资源开发利用状况，且AHP-熵权法-模糊综合评价法更为完善和科学，得出的评价结果更具有可靠性和实用性
焦隆、王冬梅（2020年）	基于DPSIR模型和水足迹理论的桂林市水资源承载力研究	采用DPSIR模型和水足迹理论评估城市水资源现状和水资源承载状态，并有针对性地提出整改意见	采用DPSIR模型能够更直观地反映社会、经济发展和人类行为对生态环境的影响，也反映了人类行为对社会和生态的反馈
刘洋（2021年）	基于BP神经网络的辽宁省水资源开发利用程度评价研究	将BP神经网络算法应用到辽宁省水资源开发利用程度评价中，建立辽宁省水资源开发利用程度评价模型	传统评价方法更加侧重权重的确定，该文增加了评价的主观性和复杂性，BP神经网络可以对复杂的评价系统进行很好的识别，评价方法准确、快捷
任丽霞、卢宏玮、要玲等（2021年）	基于绿色发展理念的山西水资源利用效率区间多指标评价研究	在绿色发展理念下，该文从经济、社会、环境三个维度对山西省11个地级市水资源绿色利用效率进行评价	通过IAHP-IMADM与LAHP-MADM两种不同方法对比分析水资源利用效率，使得结果更加科学可靠

2.2.3　水生态修复层面

水生态修复是指将受人类活动扰动而遭到破坏的水系恢复至原来没有受人类扰动的状态或某种适宜的状态。水生态修复并不意味着将水系恢复至原有的生态系统，在实际的修复中，将受损的水系恢复到未受干扰的状态是很难达到的，通常只是对水系进行一定程度的修复，使其能够满足人们的日常生活需要。其主要目的是确保水系统可以顺畅运行，丰富水环境的生态功能和增加其生物多样性。本书从合理的水景观布局降低对水生态的侵扰的角度出发，将较为抽象的水生态概念转化为水景观规划，同时强调水景观在城市中的景观意义。

1. 国外研究动态

英美等国家首先对水污染开展研究，20 世纪 80 年代初，在水污染问题得到初步缓解后，研究重点随之转到水的生态系统修复。近年来，城市中景观水体修复技术的研究较为充分，代表项目有莱茵河和密苏里河的河流廊道修复工程等。对水生态修复的研究在区域、城市尺度均有开展，同时也将生物系统纳入研究的考虑范围内。欧盟通过跨区域管制建立空间管理框架，统筹不同区域的利益主体参与水体管理；英美地区学者探讨了物理修复、化学修复和生物-生态修复三类技术在景观水体生态修复中的应用，以及伴随降雨过程的地表径流污染控制方法等。

指标评价方法以美国与澳大利亚为代表。美国环境保护署（EPA）1999 年推出的快速生物评价协议（RPBs），运用生态监测指标法从河流生态学角度出发，提供了水文、泥沙等 10 个生境指标，以及河流生藻类、大型无脊椎动物、鱼类等生物指标的监测及评价方法和标准，类似的还有 Karr 提出的生物完整性指数（IBI）。澳大利亚的河流状况指数（ISC）运用综合评价指标法，引入水文状况的评价指标，构建了基于河流水文学、形态特征、河岸带状况、水质及水生生物 5 个方面的指标体系，将每条河流的每项指标与参照点对比评分，得出总分后对河流健康状况作出综合评价。类似的还有 Rowntree 提出的河流健康计划（RHP）、Raven 提出的河流生态环境调查（RHS）等。

2. 国内研究动态

我国对于水生态的研究开展较晚，研究多关注区域与流域尺度的水污染防治、水生物多样性保护、水生物生境的重建等内容，而对于城市中观尺度以及小流域尺度的水生态修复技术与方法相对涉及较少。现有研究集中于水库、河流流域等自然水体生态修复技术。城市内景观水体的水质修复同样是研究相对充分的领域，一些学者在梳理景观水生态现状的基础上，结合工程实例提出治理思路。住区作为城市基本的空间单元之一，也应成为水生态修复的重要功能单元。我国水生态修复相关研究见表 2-4。

表 2-4 我国水生态修复相关研究梳理

研究者	名称	主要观点	研究评述
孙晓刚、伊兴华、刘志鹏（2012年）	长春市中海莱茵东郡居住区水体景观的评价与分析	从居住区水体景观评价体系中的景观效果、社会功能、生态效益3个方面进行了客观评价，并提出改进建议	对居住区范围内水体进行评价，更加偏向居民的主观感受
水利部（2016年）	水生态文明城市建设评价导则	规定了水生态文明城市建设的评价方法、评价指标和计分细则等	阐述了水安全、水生态、水环境、水节约、水监管、水文化的评价方法，提出区域特色指标
过杰、郭琦、何文浩（2017年）	城市景观水生态修复方法研究进展与发展趋势	该文对城市景观水生态现状进行梳理，分析污染类型，并提出治理思路	从物理、化学、生物3个方面提出生态修复方法
任朋（2019年）	北京市永定河平原段生态修复效果评价与技术适宜性研究	该文建立河流生态修复效果评价体系，开展生态修复技术适宜性初步分析研究，并为今后河流综合治理与生态修复提供依据	其评价体系从水生态功能、水环境功能、社会服务功能3个方面进行划分和研究
邓灵稚、杨振华、苏维词（2019年）	城市化背景下重庆市水生态系统服务价值评估及其影响因子分析	分析了在城市化背景下水生态系统服务价值的时序变化特征及其影响因素，得出主要影响因子	从城市的角度分析整体水生态系统，较为宏观，包括社会、经济等因素
廖迎娣、张欢、侯利军等（2021年）	江苏长江岸线生态修复评价指标体系研究	分析江苏长江岸线生态修复的现状及存在的问题，构建生态修复评价指标体系	提出植物覆盖度、水土保持度、原生植物恢复度、植物物种多样性、护岸型式多样性和岸线曲折度6项关键指标，以及各项指标的定量化确定方法

国内从 1990 年的河流管理工作开始逐渐重视水生态中重要的一环——河流生态的保护，并以黄河及长江流域作为河流健康研究的试点。目前河流健康状况的评价方法除了指标评价方法外，还包括预测模型法。预测模型法主要通过比较河流实际的生物组成与河流在无人为干扰的理想条件下可能存在的物种组成评价河流的健康状况，但真实性及适用性具有一定的局限性。而与河流和其他水生态修复有关的指南、导则主要有《流域生态健康评估技术指南（试行）》、《生态环境状况评价技术规范（试行）》（HJ/T 192—2006）、《水生态文明城市建设评价导则》（SL/Z 738—2016）等。

综上可见，国内在水生态修复领域已形成完备的研究体系，从理论、技术、管理等方面提出了相应的解决办法。但现阶段在有关城市空间与自然水生态系统的耦合关系方面的研究较少，难以为城市规划、城市设计提供建议。同时，住区作为城市重要的功能单元，现阶段有关其水生态修复的研究有待进一步深入。

2.2.4　水气候条件层面

国内外学者对水体的气候效应进行了探讨。水体的辐射和热特性与周围下垫面的明显不同，就热条件而言，水体在夏季可以吸收和储存大量热能，起到"散热器"的作用；在冬季，通过水下湍流热交换和水面与大气之间的热交换，积累的热能被释放并输送到水体的上部和周围区域，起到"热源"的作用。由于水体具有这种调节功能，它通过水平方向上的热量和水蒸气的交换影响周围的区域。同时，由于水体和周围土地的粗糙度特征和湿润条件的差异，水体和周围土壤上的风速和湿润条件发生了显著变化，从而影响周边居民的生存环境。

1. 国外研究动态

国外对水气候的研究已有一定的历史，并产生了许多研究成果。西方国家早期对水气候的研究主要集中在微观建筑层面，探索建筑布局和形状等要素与气候优化之间的关系。《建筑十书》中即有气候设计理论的相关论述，之后对气候条件的研究逐渐从单个建筑转变为建筑群和整个城市。人们越来越重视城市气候设计，认为城市空间和建筑元素的设计必须首先考虑和适应当地的气候环境。20世纪90年代以来，城市设计逐渐发展起来，学者们逐渐将城市气候与城市设计相结合，对城市水气候的研究也逐渐成熟。例如，Dimitris使用三级逻辑回归模型分析欧洲水资源，提出规划政策应注意风险感知的水气候适应设计；Oke较早地提出了城市冷岛的概念，并明确适应冷岛效应的城市形态；Banham从日照、通风和水景观等方面确定了评估城市居民的气候舒适度的标准；Skuras和Tyllianakis采用三级逻辑回归模型研究得出规划政策应重视风险感知的水气候适应设计的结论。

国外在水气候方面的评价主要集中于下垫面、城市形态、人为热等因素对热环境的影响，评价指标包括人体舒适度、温度、湿度、风速等，对于位于不同气候区国家的指标有不同的标准。对于涉水环境方面，国外研究多将水体作为一种降温策略，通过数值模拟来确定不同水体布局方案的降温效果，从而用于指导城市规划与设计，呈现从现状评估转变为方案评估的趋势。在研究方法上实测与数值模拟结合已成为该领域的主流，且不断优化与更新。

2. 国内研究动态

在水气候方面，我国在城市微气候的研究起步时间不长，大部分研究集中在数据实测和客观原理、规律的总结上。我国对城市水气候条件的相关研究可分为城市外围气候、城市内部气候、寒冷地区气候、滨水城市气候、气候数值模拟，以及水系两岸滨水街区微气候条件与环境评估工具在城市规划领域的应用。我国水气候条件相关研究见表2-5。

表 2-5　我国水气候条件相关研究梳理

研究者	名称	主要观点	研究评述
轩春怡、王晓云、蒋维楣等（2010年）	城市中水体布局对大气环境的影响	提出城市规划大气物理环境多尺度数据模拟系统，揭示城市水体布局对城市大气物理环境影响的可能机制	城市水体面积的增加，都在一定程度上使城市气温降低、湿度增加、平均风速增大，且分散型水体布局对城市区域微气象环境的影响更为显著
陈宏、李保峰、周雪帆（2011年）	水体与城市微气候调节作用研究——以武汉为例	研究风对街区微气候的影响规律，对武汉市近40年城市水体的变化数据进行城市气候数值解析，探讨水体变化对城市气候的影响	通过实测证明江风对滨水街区微气候的调节能力，其调节能力受到城市空间形态和建筑密度等因素的影响
朱黎青、彭菲、高翅（2016年）	气候变化适应性与韧性城市视角下的滨水绿地设计——以美国哈德逊市南湾公园设计研究为例	文章讨论工程韧性与生态韧性的差别及其在风景园林规划设计中的具体应用以建设面向未来的城市滨水绿地	将适应气候与减缓气候影响相结合，探讨了潮汐性河流的气候变化适应性设计与韧性设计，并将应对措施和缓解措施相结合
王频、孟庆林、张宇峰等（2016年）	城市气候地图概述及其作为热环境评估工具的应用	通过对城市气候地图的概念、国内外研究现状和研究分类进行阐述，探索城市气候地图作为热环境评估工具在城市规划设计领域应用的可能性	该文分别按区域、按网格分区探索城市气候地图作为热环境评价工具的可能性
韩羽佳、李文（2019年）	基于微气候调节的居住小区水景设计研究进展	从风景园林角度出发，探讨了影响居住小区微气候的水体景观设计要点，提出了今后居住小区水景微气候调节设计的研究策略和建议	综合考虑水景在居住小区中的规划设计，归纳出影响微气候的四大要点：布局方位、水体面积、水体类型和分布状态

在住区或更小尺度上涉及水气候的评价内容主要包括水体的降温范围、降温幅

度、不同形态、面积水体的降温差别，在城市尺度上则更多研究水面率、形状指数、破碎度等景观格局指数与热岛强度、地表温度的相关性。多数以温度、湿度、风速作为评价指标，仍较少应用人体舒适度指标，评价方法则多使用经验模型或热平衡模型。在标准导则方面，定量化、条文化的相关文件仍较少，包括国家标准《人居环境气候舒适度评价》《气候年景评估方法》《城市生态建设环境绩效评估导则（试行）》等。对于水气候适应研究对象大多以滨水空间、城市公园空间为主，个别以住区及建筑小尺度为主的相关研究也侧重于探究影响指标体系，或者单一研究水景观对小气候的影响；技术方法上，缺乏以专业的模拟软件将实验和实测相结合的研究；成果深度上，关于水气候的评价体系尚不明确。

2.2.5 水安全防控层面

城市水安全主要包括缺水安全、防汛安全、饮用水安全、水质安全和制度安全五个自然性安全问题，还包括经济安全、生态安全、健康安全和粮食安全四个人为性安全问题。本研究认为城市水资源安全是人类社会经济发展过程中水资源利用不合理的结果，其导致了水质下降，甚至使水体受到污染，进而导致用水功能逐渐减弱，水资源无法维持其基本的社会经济价值，并引发人类对水的需求危机，影响人类社会经济的可持续性发展。它既包括人类活动引起的人为水资源安全问题，也包括由于河流改道、洪水或干旱而产生的自然水资源安全问题。

1. 国外研究动态

水安全防控方面，国外侧重水敏性的城市设计、应对洪水风险管理的绿色基础设施研究，国际上较有影响力的可持续雨洪管理体系包括美国的最佳管理措施（BMPs）、美国的低影响开发（LID）、澳大利亚的水敏性城市设计（WSUD）、新西兰的低影响城市设计与开发（LIUDD）、英国的可持续城市排水系统（SUDS）等理念与实践，韧性城市的研究与建设是主流方向。"水安全"一词最早出现于2000年的斯德哥尔摩举行的水资源讨论会上，在接下来的20多年时间里，国际相关组织如联合国教科文组织（UNESCO）、联合国开发计划署（UNDP）、国际水文计划（IHP）和经济合作与发展组织（OECD）等对水资源安全问题进行了深入研究。西方学者对水安全的研究主要集中在水安全评估和水安全防控对策两个层面。如2005年Crosa等人通过研究阿姆河的重金属和其他水体污染物含量进行了水质安全评估，其采用的主成分分析法是常用的评估模型方法，另外 Tserunyan 从防控视角提出应对措施，并指出应建立完善的预警机制并实时监测水资源质量。其他防控措施还包括 2007 年 Shuval 提出的建立相关法律体系，保证水资源的可持续开发；2004 年 Sophocleous 提出的调整用水结构，以解决水资源供需不平衡的问题等。

2. 国内研究动态

与西方国家相比，我国的水安全研究起步较晚。国内研究关注其与城市空间布局、雨洪管理的关系。研究早期对水安全的关注重点在水量层面，后随着水污染问题的加剧，我国学界的研究扩大到水质治理层面。近年来，水安全研究成果主要基于三个层面：一是从水资源利用价值角度对水安全在人类生产生活方面的重要性进行探讨；二是通过对水资源特性的明确，以自然生态特征和社会经济特征探讨水安全问题；三是对水安全评价体系的建立，如刘秀丽等在 2018 年提出一种模糊综合评价方法，以 13 个指标对京津冀总体水环境安全进行评价。国内学者对水安全评估也进行了多维度的思考，例如综合水资源保障、自然生态特征和社会经济特征等角度评价水安全等级，但对于城市雨洪灾害的安全防控评估和具体举措还需扩展深度和广度。我国水安全防控相关研究见表 2-6。

表 2-6　我国水安全防控相关研究梳理

研究者	名称	主要观点	研究评述
杨丰顺、邵东国、肖淳等（2011 年）	武汉城市圈水安全评价指标体系与标准	框定城市水安全定义，从水资源、水环境、水灾害三个方面分析总结问题，并构建武汉城市圈水安全评价指标体系	在水安全指标体系构建原则的基础上，从城市的重要性、供水安全、水环境安全、防洪安全 4 个方面筛选指标因子并赋值
贡力、靳春玲（2014 年）	基于水贫困指数的城市水安全评价研究	文章阐述了影响城市水安全的因素，引入了水贫困指数作为评价城市水安全的指标，提出适合我国城市水安全实际状况的评价指标	采用改进的 WPI 指数，从资源、途径、利用、能力和环境这五个分指数方面入手，筛选适合我国城市的主要影响指标
石卫、夏军、李福林等（2016 年）	山东省流域水资源安全分析	利用水资源敏感性和抗压性分析方法，结合抗压性二级指标水资源开发利用率、百万方水承载人口数、水功能区达标对山东省流域水资源进行安全分析	从区域角度整体进行定量分析，考虑偏向资源和人口方面

研究者	名称	主要观点	研究评述
王琳、陈天（2017年）	滨海地区城市水安全弹性分析——以中国112个城市为例	通过初始排水管道密度、末期排水管道密度和排水管道密度变化幅度3项指标计算出城市水安全弹性综合得分	该文选取城市建成区排水管道密度和变化率为评价标准，仅为城市水安全影响因素中的一项
刘秀丽、涂卓卓（2018年）	水环境安全评价方法及其在京津冀地区的应用	通过改进的模糊综合评价方法，建立水环境安全评价体系，对京津冀的总体水环境安全进行评价，并提出改进意见	从经济社会、水质状况、资源条件3个方面出发，利用主成分分析法对初步指标体系筛选，得到较为客观科学的评价体系
陈姚（2020年）	襄阳城市水安全评价及其生态修复策略研究	该文从多学科视角，利用定性与定量相结合的方法，探讨城市水安全评价模型构建、水安全问题识别实证分析和城市水系统生态修复策略	基于多角度、多尺度、多源数据，采用PSR模型，从水资源、水环境、水灾害、水生态4个方面构建城市水安全评价综合模型
褚桂红（2020年）	基于层次分析法的山西省水安全综合评价	该文从影响水安全因素的角度出发，合理构建了水安全评价指标体系，运用层次分析法确定各项指标的权重，对山西省进行综合评价	结合区域特色，从水资源条件、用水效率、水生态环境状况3个方面构建水安全评价指标体系

已有研究在进行水安全评估时应用了许多方法，归纳起来，常见的方法有统计分析法和综合评价法等。其中，层次分析法具有定量与定性相结合的特点，由于其简便和灵活被众多研究者采用，但由于其主观性较强，已有研究或结合信息熵法或模糊数学的方法进行综合评价，使评价结果尽量接近客观事实。综上所述，我国的水安全评价指标体系虽较为完善，但对中微观层面的具体实施措施探讨较为缺乏。

2.3 "适水性住区"的概念

2.3.1 滨水住区

住区是对所有现代居住组织形式的统称，一般来说居住区、居住小区、居住单元、扩大小区、居住综合体等各种居住组织形式都统称为住区。作为城市区域内人们的居住空间，城市住区是城市某一特定区域内的人口、资源、环境通过各种相互作用和影响建立起来的人类聚居地或社会-经济-自然复合体。具体说来，它既可泛指不同规模的生活聚居地，也可特指被城市干道和自然分界线包围，并由若干个居住小区和住宅组团组成，与居住规模相对应，配建一套较完善的、能满足该区居民物质与文化生活所需的公共服务设施的生活聚居地。滨水住区是住区中一种典型的人工与自然环境结合的类型，关于其概念已有若干界定：美国的《沿岸管理法》《沿岸区管理计划》中所界定的沿岸区域，水域部分包括从水域到临海部分，陆域部分包括从内陆 100 英尺（1 英尺约合 0.3 米）至 5 英里（1 英里约合 1609.3 米）不等的范围，或者一直到道路干线。它既是陆地的边沿，也是水体的边缘。空间范围包括 200~300 m 的水域空间及与之相邻的城市陆域空间，其对人的吸引距离为 1~2 km，相当于步行 15~30 min 的距离。这种类型的界定范围，在更广阔的区域内被延伸至从山体分水岭到海水群流的范围。另外，还可根据滨水区在城市中如何被看待来界定。城市滨水区域，不仅是指根据水陆线可以机械求得的距离所指的范围，而且是指城市居民对城市滨水区域日常意识较浓、场所精神较强烈的地区。

基于多数文献与学者的研究结果，可以总结出城市滨水区（city waterfront）是城市中一个特定的空间地段，指与河流、湖泊、海洋毗邻的土地或建筑，城镇临近水体的部分，城市建设用地范围内陆域和水域相连接的部分的一定区域的总称。与城市其他地域相比，它有着巨大的空间领域优势，对解决城市空间匮乏、增加城市空间容量、提高城市环境质量有着十分积极的作用。《居住区规划原理与设计方法》中对滨水居住区有这样的描述：滨水居住区就是沿着水域岸线修建的居住区。虽然地球上的物种进化经历了从海洋到大陆的"上岸"过程，但是物质化生存不能离开水，人类居住区也多滨水设置。依着水位的季节性起落，滨水住区与水的空间距离有远有近，有疏有密，并且受到所属地域的风土、植被、地形地貌与社会文化等各方面的影响。滨水居住区的建造都会把水系作为主要景观，住宅布局会考虑水景观的视野范围与内容，并进行有效利用。

综上所述，本书界定滨水住区是指江河、湖泊、海洋等水体周边的城市居住空间，其范围包括 0.2~0.3 km 的水域空间及其周边城市内陆旁的居住空间，水体对人的吸引范围为 1~2 km，相当于步行 15~30 min 的距离。城市滨水住区代表着高质量的人居环境，有巨大的开发潜力，它能够满足城市居民日常生活的需要，是具备滨水空间要素、设施齐全的综合性区域。为避免湖泊范围过大影响实验结果及评价指标，根据滨水住区的定义，本书选取水体对人的吸引范围的中间值 1.5 km 作为标准，将研究范围划定为距湖岸线 1.5 km 内的滨水住区。

2.3.2 适水性住区

水气候适应性主要是指以主动调节的应对方式针对现今城市中包括热岛效应、暴雨洪涝天气、微气候环境恶化等各种水气候引发的相关问题，并在城市住区中营造舒适的局部气候和微气候环境来增强气候舒适性。

适水性住区的概念需要考虑宏观城市水环境尺度与微观建筑尺度，同时也应重点关注住区尺度，其主要指的是一类在运水、用水、处理水、储水等与水环境要素相关的空间运作方面具有良好适应性的有机地域空间住区单元。该类住区具有良好的水气候适应性，在水资源高效集约利用、水气候效能适应、水安全韧性防控和水生态景观修复效应等诸多方面均具有良好的管控、应对与恢复能力（图 2-2）。

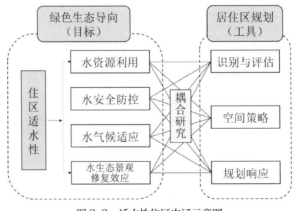

图 2-2　适水性住区内涵示意图

2.4 适水性住区特征与设计原则

2.4.1 适水性住区特征

结合住区与水气候的耦合机制，从城市居住区即中观层面，进行综合分析可得，适水性住区具有以下特征。

① 住区通过有效的物质空间规划设计以及良好的竖向设计，可以有效地提升抵抗暴雨等极端天气的能力，且可在受灾后较快速地恢复。

② 住区水资源利用高效性，具有中水回用系统等良好的水资源循环利用措施，以及良好的雨洪管理措施，水资源可以得到充分高效的利用。

③ 住区物质空间的微气候舒适性，营造良好的室外微气候条件可以有效避免峡谷风、城市热岛效应等不良微气候。

④ 滨水住区具有良好的滨水空间设计，具有水生态保护与修复效能的高效性。优化水体周围的环境设计，有助于恢复自然水文循环，为各种生物提供适宜的栖息地和繁殖条件，并提高水体景观的可达性和观赏性。

2.4.2 适水性住区设计原则

适水性住区设计应具有以下四个目标（图2-3）。

通过良好的规划设计，可以达到良好的可持续发展、安全性、空间舒适性及滨水景观美学目标，使得住区物质空间规划设计与水气候具有良好的耦合机制，形成人水共生和谐发展的适水性住区。

图2-3 适水性住区设计目标

为此，适水性住区在规划设计中应遵从以下设计原则。

① 住区的规划设计应充分考虑对水资源的集约高效利用，优化雨水资源收集利用系统和雨水资源净化系统，对住区内部各类水资源进行节约和高效利用，使得住区实现水资源的可持续发展。

② 住区的规划设计应满足水安全基本的需要，着重考虑住区内部的各类生态环境要素与空间环境要素，建立水安全的基础设施系统与空间格局。

③ 住区规划应体现以人为本的规划原则，利用良好的水气候、滨水环境创造良好的住区微气候，以满足人体的舒适度要求。

④ 水景观的设计应遵循生态修复的原则，注重对滨水空间的合理利用，提升其生态功能和可达性。合理布局水体和周边景观，不仅可以有效改善水环境，还能够促进水生生态系统的恢复。同时，水景观的设计应结合当地生态特点，体现其在修复生态功能中的文化价值和社会意义，从而实现生态、景观与人类活动的协调发展。

2.5　适水性住区的核心影响要素

滨水住区是适水性住区的典型规划对象。从区位与需求角度看，滨水住区位于河岸、湖泊或海滨区域，致力于在设计中融入水管理系统，提升住区防洪、防涝能力，优化水资源利用，注重与水共生的设计，以满足现代居民对生态安全和宜居环境的需求。

滨水住区按照毗邻的水域形制分为以下几类。

① 滨河、滨江住区：住区沿河（江）岸发展，通常呈现平行于河岸的带状的平面形态。一般来说，滨河（江）的城市都具有悠久的历史和深厚的文化底蕴，在沿河（江）边已经形成了一定的传统住区模式，其滨水住区具有当地的地域特色，在临水地带形成人性化的居住空间。

② 滨湖住区：住区一般毗邻湖水，周边常伴有山体、公园等，环境优美，滨水景色秀丽自然。住区一般依据湖岸的自然形态进行规划设计，滨湖地区水岸线较为曲折，地形变化丰富，使住区周边环境呈现出自然山水的特点。

③ 滨海住区：住区一侧临海，拥有一定长度的海岸线景观和广阔的视野，有天然的海港、海滩或海岸，甚至一些小型的半岛或岛屿。滨海住区一般沿海岸线呈带状扩展。地势平坦的滨海区域，由于用地相对方便，一般以高层住宅的设计来增加住宅面积，降低住区建筑密度。山坡地形的滨海住区，其滨海区域的地形环境较为复杂，海岸线曲折，与滨湖区域类似，视野开阔，景观优美，一般建设为具有休闲度假性质的高档住区。

2.5.1　滨水住区本体构成要素

滨水住区既是发挥居住功能的空间部分，也是城市开放空间的重要部分，还是城市自然景观与人工景观结合的区域，其主要具有以下特征。

① 开放性：滨水小区不同于一般封闭式小区，因其毗邻水系，通常不会将居住区内部空间与外部环境完全割裂，在滨水空间常设置开放的公共场所，甚至可能会成为城市公共开放空间的一部分。

② 功能多样性：城市中的水域具有不同的形态和性质，承担着交通、观赏等不同功能，使得城市滨水住区或多或少兼容部分除居住功能以外的城市功能。

③ 空间延续性：城市滨水住区中的滨水空间，往往是城市整体滨水空间的一部分，自然形成了对城市景观的延续。

④ 景观层次的丰富性：城市滨水区本身就具有丰富的自然与人文景观，其景观界面有相应的规划设计，在滨水住区的规划设计中，利用原有景观，并与城市整体景观协调，从而形成丰富的滨水住区景观。

2.5.2　住区设计本体构成要素

住区设计本体的研究内容主要包括用地布局、住区规模、路网结构与密度、开敞空间系统、景观系统与廊道、建筑布局、竖向设计、适水基础设施、绿化空间布局、地表透水率等空间环境要素，以及气候类型、地形地貌、水域特征、土壤类型等生态环境要素（图 2-4）。

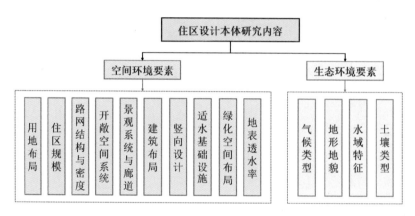

图 2-4　住区设计本体研究内容

3

适水性城市与住区案例

3.1 适水性城市案例——新加坡水环境韧性城市规划

城市是典型的社会–生态系统，韧性概念也适用于城市研究。国内学者将"城市韧性"解读为在城市系统与区域尺度上，通过合理准备来缓冲和应对不确定性扰动，确保公共安全、社会秩序和经济建设正常运行的能力。有学者将城市韧性概念拓展成为更具体、更有可实施性的韧性特征，包括稳定性、冗余性、适应性、灵活性、协作性、自学习能力和自组织能力等 17 个指标。随着韧性概念的拓展，城市韧性研究逐渐突破工程建设与生态系统研究等领域，延伸至气候变化适应性、灾害风险管理、经济衰退应对等多个方面。其中，灾害风险管理研究包括对地震、洪灾、流行病等人为或自然冲击及其次生灾害的应对措施。总体而言，城市韧性的创新点在于以城市面临的潜在冲击为问题导向，通过合理的规划和管理手段来应对问题；不局限于关注物质空间建设的单一目标，而是关注在多源不确定性环境中，探索城市应对问题的逻辑及所采取的社会体系构建方法。新加坡的适水性城区规划便是以韧性理念为指导，循其内涵制定了一套完整的水环境规划制度与框架。

新加坡是一个地处赤道附近、气候炎热潮湿、降水丰沛的热带城市国家，也是一个地域面积狭小、人口稠密、建设强度高的岛国。2015 年新加坡国家环境局（NEA）编制的《新加坡第二次国家气候变化研究》（*Singapore's Second National Climate Change Study*）指出，气候变化带来的海平面上升会导致海水侵蚀与土地流失，威胁着新加坡的国土安全。预测显示，新加坡雨季与旱季的降水量差异将持续扩大，迫使淡水资源禀赋不足的新加坡建设跨季节的水资源调蓄系统；更加频繁的强降水事件对雨洪管理能力提出挑战（表 3-1）。此外，全球升温将加剧高密度城市的热岛效应，城市需要善用地表水体资源、调节局地微气候，提出可靠的高温应对方案。

表 3-1 新加坡气候变化现状与预测

项目	气温	极端高温	降水量	风	海平面
已观测到的变化	1948—2016年，年平均气温每十年上升0.25 ℃	自1972年起，高温天数增多，夜间低温天数减少	1980—2016年，年均降水量每十年增加101 mm	风向受东北和西南季风影响，风速取决于环境，没有明显变化趋势	1975—2009年，新加坡海峡的海平面每年上升1.2~1.7 mm
气候变化预测	至21世纪末，日均气温将上升1.4~4.6 ℃	21世纪内2—9月的高温天数将增加	雨季（11—1月）和旱季（2月、6—9月）降水量差异更大，强降水事件增多	新加坡将持续受东北与西南季风影响，在东北季风期间风速可能加大	至21世纪末，海平面将上升0.25~0.76 m

资料来源：根据参考文献 [47] 整理。

气候变化带来的负面影响集中作用于新加坡的水环境，对水资源、水安全与滨水生态提出更高的要求。在此背景下，新加坡市区重建局（URA）2019年颁布的总体规划（Master Plan 2019），将建设可持续且有韧性的城市作为城市发展指向之一。配合其他部门推出的相关文件，新加坡形成了以韧性理念引导的空间规划体系，包括在气候变化导致城市水环境波动时，城市应对冲击的规划技术手段，以达成稳定水资源供应、恢复水生态健康、强化水安全防控及缓冲极端高温气候等目的，实现城市空间与水环境的协调发展。我国东部沿海地区分布着大量经济发达的高密度城市，与新加坡具有相似的空间特征。在全球气候变化过程中，这类城市面临着与新加坡相似的危机风险。为了实现城市的高品质发展，可以分析借鉴新加坡的建设经验，构建有针对性的水环境韧性规划体系，缓解气候变化带来的城市水环境问题，提升我国城市可持续发展能力。

故梳理新加坡涉水规划体系架构与理念演进过程，探讨新加坡在水资源、水生态、水安全、水气候等多方面的规划策略，并探索适用于不同空间尺度的技术方法与管理经验，总结新加坡水环境韧性规划经验，对我国的适水性城区规划研究具有重要意义。

3.1.1 新加坡水环境规划编制体系

1. 涉水政策措施演进

水资源供给不足和雨洪灾害频发是制约新加坡城市发展的瓶颈问题。新加坡早期（20世纪60年代—21世纪初）采取了一系列增加淡水供给和管理洪险的举措。独立之初，新加坡仅有占国土面积11%的集水区和3个水库，缺少收集、储存降水的空间，因此1972年水务总体计划（Water Master Plan）中提出扩展集水区并增建水库以提高水资源供给能力。随后，20世纪70年代中期，一个能够整合不同城市基础设施管网的规划方案应运而生，即在有限国土面积内统筹全域排水方案，以解决城市内涝问题。

21世纪以来，增加淡水供给与管理洪险两个独立的目标被"与水共生"这一表述取代。"与水共生"描述了一个多目标的城市发展图景，在持续关注水资源与水灾害问题的基础上，将生态与景观要素，城市休闲娱乐等文化要素以及气候变化与海平面上升等议题纳入考量范围，体现出新加坡在水环境领域对潜在冲击的认知不断拓展。相应地，韧性理念从单一目标拓展为多元目标，应对措施从基础设施建设进化到社会-生态全方位建设。

2. 规划体系中的水环境

新加坡的城市规划体系包含概念规划、总体规划和规划实施三个层级，城市设计融入每个层级。在城市规划与设计框架内，每一层级都将水环境纳入考量范围并体现在规划编制成果中。在空间规划与实施管理的过程中，针对水环境问题的韧性措施可以与规划体系衔接，将韧性理念转化为针对水环境的空间设计方法与实施手段。

新加坡的概念规划与我国的城市总体规划类似，内容包括制定城市长期发展目标、明确土地策略等，基于以人为本和可持续发展原则，从战略层面对城市发展作出部署的顶层规划。1971年版、1991年版、2001年版、2013年版四版概念规划均在不同程度上回应了与水环境相关的资源供给、生态环境、安全及气候调节等问题。早期概念规划中，水环境相关内容聚焦于水资源调蓄的基础设施建设；后期则加入了气候变化、蓝绿网络、生态基质、弹性发展等内容，有针对性地应对城市面临的潜在冲击。

新加坡的总体规划是具有法定性质的详细土地利用规划，相当于我国的控制性详细规划，与针对全域的专项详细控制规划和针对市中心的城市设计导则相配套。例如，公园水体专项规划确定了社区尺度的绿地水体边界与绿地水体的不同用途，尽可能地使蓝绿系统相衔接，形成多尺度联通的廊道网络。城市设计导则中确保水体绿地与视线通廊、开放空间、滨水界面、开发强度等空间要素相协调，在保证蓝绿要素调蓄涵养、行洪防灾等功能的基础上，提高水体景观价值和社会认同。

进入实施阶段，以2006年新加坡公用事业局与德国戴水道设计公司共同启动的ABC水计划为例，水环境韧性规划落实到城市微观空间的规划设计与实施。在规划编制方面，ABC水计划提出与不同空间尺度相适应的水环境设计导则和微观尺度上的实施及应用方法，并基于活力、美观、清洁与创新等四要素构建ABC水计划项目实施评估体系，使整个操作过程有据可循；在规划实施方面，公用事业局多次更新ABC水计划，保证其涵盖前沿的水环境设计技术和适应实际需求的管理运维经验。

纵观新加坡规划体系中的涉水部分，在概念规划制定的城市发展目标与土地策略的基础上，从总体规划到各类专项规划与实施导则层层推进，形成了从整体到局部、从目标到落实的完整的规划体系，涵盖了"明确策略—编制规划—实施管理"的城市规划全生命周期，将水环境要素纳入城市规划的各个编制层级中。配合从20世纪70年代开始实施的各类政策措施，新加坡的韧性规划展现出编制与实施并重、理念代际更迭、目标切实可行的特征。

3.1.2　新加坡水环境韧性规划策略

解读新加坡市区重建局、环境及水资源部、公用事业局等相关部门推出的文件后，本书拟将新加坡与水环境相关的韧性规划策略分为水资源利用、水生态修复、水安全防控、水气候适应四个方面，形成策略层的整体认知。

1. 水资源利用

新加坡收集、储蓄降水的能力受国土面积制约，加之气候变化影响下，雨季与旱季的降水差异持续扩大，对地表跨季节存水量平衡造成威胁，故新加坡迫切地需要建设一套能够保证全年水量稳定且水量充足的水资源调蓄系统，以应对气候因素带来的降水量波动对供水系统的冲击。公用事业局所采取的水资源调蓄核心策略包括：充分收集每一滴可利用的水，如结合土地利用设置大量集水区和雨水收集池；充分循环利用水资源（图 3-1），如在集水区内实施雨污分离，将中后期较洁净的雨水处理后就近输送至水库，将初期雨水及生活污水循环再生或外排入海；拓展水资源来源，使用包括集水区供水、进口水、再生水（图 3-2）、海水淡化水等在内的多种水资源；启用灵活的海水淡化设施，如将淡化设施埋于地下，雨季可处理蓄水池淡水，旱季则可淡化海水。

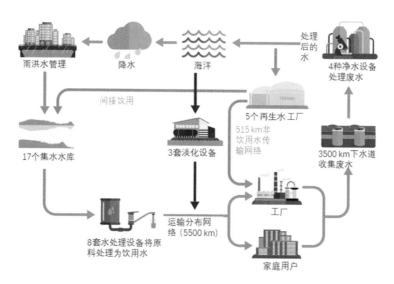

图 3-1　新加坡水资源循环利用流程

（资料来源：改绘自参考文献 [52]）

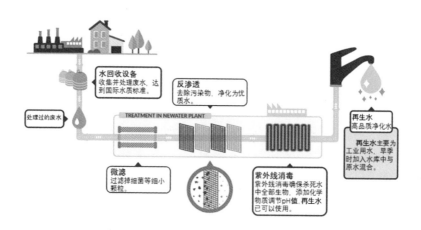

图 3-2　再生水技术流程

（资料来源：改绘自参考文献 [52]）

2. 水生态修复

气候变化导致沿海、沿河湖的生态系统退化与生物多样性降低。水生态复育策略以抵御生境退化为目标，维持生物多样性，抵御洪涝灾害，恢复自然过程，适应气候变化带来的压力，并提高滨水空间品质。

传统的雨洪管理方法通常是开凿并拓宽水渠和河流，铺设混凝土驳岸，虽这一方法能够增强水运输能力、减少坡岸侵蚀，但也破坏了滨水生境。ABC水计划创造了新的雨洪管理思路（图3-3）：雨水在排入公共河道之前，进入规划的雨水滞留系统（水箱、水池）以削减强降雨的高峰流量，减轻对下游水体的威胁。同时，雨水滞留系统是对环境友好的绿色基础设施，雨水花园、生物滞留沼泽和湿地不仅可以改善水质，还有利于恢复生物多样性并创造美学效果（图3-4～图3-6），将环境（绿色）、水体（蓝色）、社区（橙色）无缝衔接在一起。其中碧山宏茂桥公园改造中运用的生物微群落下渗系统既能充当天然净化设施，也可"软化"河道，塑造可参与式景观，还可维持物种平衡，实现水源涵养、生物保育与生境优化的生态友好性结合。

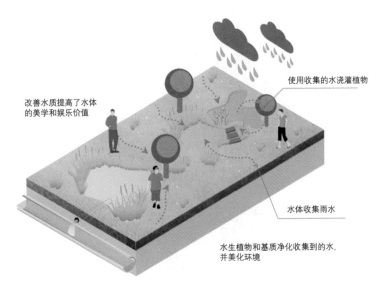

图 3-3 ABC水计划倡导的水环境情境

（资料来源：改绘自参考文献[54]）

图 3-4 新加坡滨海湾花园

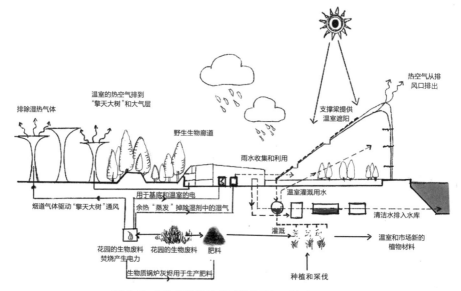

图 3-5 新加坡滨海湾花园的节能与可持续性设计

图 3-6 麦里芝蓄水池中的雨水滞留系统

3. 水安全防控

在气候变化背景下，雨洪灾害和海平面上升导致的海岸线侵蚀成为威胁水安全的主要问题。保护海岸线与减轻洪水风险是 2019 年版新加坡总体规划中建设韧性城市的重要举措。

为了应对海岸线侵蚀，新加坡以海岸线建设适宜性评价研究为依据，制定长期的海岸线保护计划。其中，硬质工程以增强海岸抵御力为目的，如建设大量用于保护海岸线的基础设施，包括防波堤、土丘、护岸、海墙、防洪闸门和泵站等。对于淡水水库及相关水泵等关乎水资源供应的关键设施，新加坡建造防洪堤坝并将泵房设施置于其保护之中。而软质工程以养护修复等更为环保可持续的方式为主，如国家公园局（NParks）致力于研究红树林的保护方法，对重要湿地及自然岛屿设立保护区，防止红树林栖息地减退，保护自然岸线免受侵蚀，维持自然岸线的生态防护功能。

面对气候变化背景下强季风降水引发的洪水灾害，规划部门将雨洪集水排水过程分为源头、路径、受体三个阶段，即在源头上降低地面雨水径流速，在路径上提高排水输送能力，在受体上约束雨流去向，保护可能受其影响的区域，从而有序地收集雨洪、减轻灾害，储存并再利用雨洪水资源。所采取的策略见图 3-7。

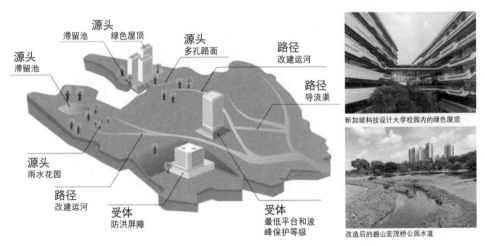

图 3-7 源头、路径、受体三个阶段的雨洪处理策略

（资料来源：左图改绘自参考文献 [54]，右侧两图为作者拍摄）

4. 水气候适应

新加坡努力构建健康水域，积极抵御气候变化带来的地表极端高温，改善局部风环境，提高室外热舒适度。在规划前期，通过叠加、分析与可视化建筑、规划、水文、植被、气象等数据构建城市气候地图，辅助规划人员厘清温场、风场、湿场分布特征，识别城市热脆弱区，从而更精准高效地利用水体调节气候。

在具体策略上，新加坡以扩大集水区面积为主要手段。尽管湿热气候一定程度上限制了水体的降温功效，但增加大比热容下垫面依然是缓解高密度城市热岛效应的首要选择。对规模集中水体进行严格保护，并制定水体与绿色空间协同的高温应对方案。如湿地系统依靠丰富植被提供遮蔽，吸纳温室气体及尘埃，更强效地提升空气质量，降低温度；在小型水体周边，有针对性地优化滨水地区空间形态布局和植被类型，或根据水体规模和形态衍生发展出特定风循环模式。其次，提升沿海开放空间的规模与连续性，在为市民提供休闲场所的同时，最大限度地增加进入城市的海面冷风。为此，新加坡在规划上避免不相容的土地用途及任何人工或自然风屏障，以尽量保持滨海长廊或大型基建工程的连续性；同时将滨海空间有机融入城市开放空间网络，使海洋冷空气在高密度城市肌理中的流动与热交换更加通畅。

3.1.3 新加坡水环境韧性规划实践体系

在策略体系以外，新加坡建立了较为完善的韧性规划实践体系，包含适应不同空间尺度的设计技术方法与管理工具。在这样的实践体系下，水资源、水生态、水安全与水气候策略被转化为具体的空间管控要素，辅以合理的工作框架与精细化的管理手段，策略得以顺利落地转化。

1. 多尺度的空间规划技术手段

新加坡韧性规划覆盖了城市、片区、街区、建筑及场地，在不同的空间规划尺度上，采用适宜的设计技术。以地表径流管理为例，采用在不同空间尺度上收集储蓄水资源、管理洪险、优化生境并创造宜人滨水空间的规划策略。

在城市尺度上，新加坡制定了全局雨洪管理对策，将17个水库、32条主要河流、8 000多千米的运河与下水道划分为三个集水区，形成整合的径流管理系统（图3-8）。

在片区尺度上，以流域为单位开展韧性改造，梳理流域内的潜在危机点并确立主

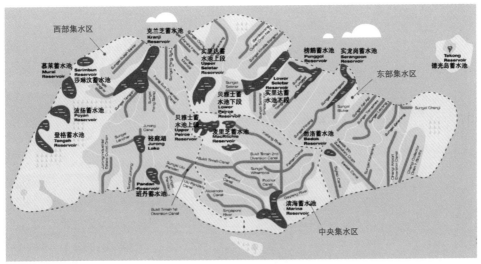

图 3-8　新加坡全域集水区划分

（资料来源：改绘自参考文献 [58]）

导策略，分时序制定改造行动计划。以班丹河（Sungei Pandan）流域为例，为了解决小班丹在强降雨季节的洪水问题，新加坡公用事业局在 2014 年建立了 18 个排水优化工程并确定了 5 个下阶段行动目标。工程中采取的主要技术手段包括：在生态石笼上种植匍匐植物等形成运河护岸，对水道进行绿化；使用土壤生物工程技术，发挥植物、岩石等天然材料加固河岸与减缓排水速度的固有特性，提高河道在暴雨期间的行洪能力并保持生态和美观。

在街区尺度上，综合运用 ABC 水计划的规划理念与技术方法，将雨水径流收集、储存、处理与运输流程和住宅建设结合起来，有效减少社区面临的水生态威胁、改善社区环境、提高美学价值并提升生物多样性。如水道脊（Waterway Ridges）社区使用植被洼地取代混凝土排水沟，建设输送径流的带形绿地；建造生物滞留池作为滞留并处理雨水的自然排水系统，兼具汇聚社区活力、创造水景的作用（图 3-9）。

在建筑及场地尺度上，ABC 水计划分别制定了微观尺度不同空间类型的水处理技术，包括场地规划、开放空间设计、建筑设计与人 / 车行道设计（图 3-10）。

2. 部门的协同工作方法

国家气候变化秘书处（The National Climate Change Secretariat）是负责协调气候变化相关事宜的总理办公室下辖直属部门，与城市建设、环境、基础设施等多个国家

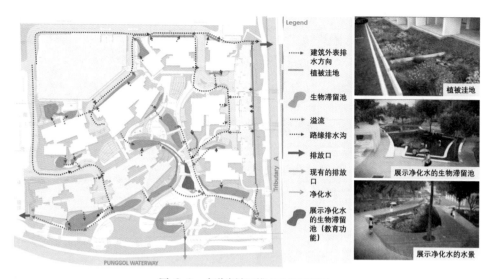

图 3-9 水道脊社区排水系统示意图

（资料来源：改绘自参考文献[54,59]）

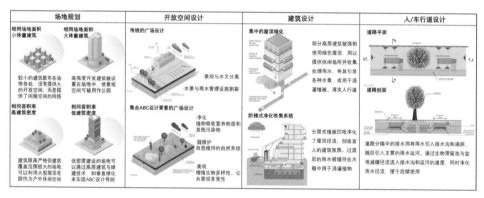

图 3-10 微观尺度的 ABC 水处理技术

（资料来源：改绘自参考文献[54]）

机构协同工作。在协同工作中，气候变化预测处于韧性规划工作的前置位置，分析气候变化对水资源和排水、生物多样性和绿化、基础设施建设等方面的影响，在识别气候变化风险的基础上，探索动态灵活的适应性路径，从而指导政府机构编制下位规划（图 3-11）。在此过程中，高校与科研机构则作为工作框架的智库，辅助制定国家战略。

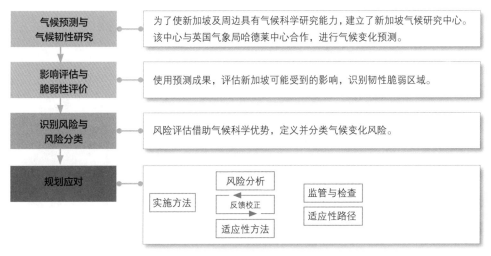

图 3-11　新加坡韧性规划工作框架

3.多主体的协商共建机制

除构建政府部门工作框架，开发主体、业主、市民等多个主体应共同参与决策，形成韧性城市实践的底层基础，不同利益团体之间的协商共建成为韧性城市管理的实践重点。激励权益主体参与建设、唤醒公众意识、扩大公众参与的范围并扩展参与深度，将有助于建设具有自组织能力的韧性体系。

一方面，新加坡各政府部门在总体规划、绿建标准等技术文件中加入激励性举措，并表彰对水事业有突出贡献的组织和个人，以增加利益主体的参与动力（表3-2）。另一方面，通过公众宣传，如发布面向公众的气候变化科普手册，鼓励居民转变生活方式以应对气候变化，推广节水配件等，提升居民对气候变化和环境保护的认知；通过媒体推广 ABC 水计划，试点项目的成功带动周边房价上涨，居民则可以认同并积极参与到项目中。

表 3-2　新加坡各类激励举措

激励项目	奖励对象	奖励标准	奖励方式
水标识奖（Watermark Awards）	在水事业方面有杰出贡献的个人与组织	对保护水资源、提高公众环保意识有杰出贡献	授予国家级荣誉
总体规划中容积率核算	开发主体	拟开发地块包含被划定为水体的区域	允许开发总建筑面积最大值＝地块总面积 × 水体以外其他土地面积的规定容积率
绿色建筑标识激励计划（Green Mark Incentive Schemes）	产权主体	建设或改造绿色建筑	提供融资方案、现金奖励，提供额外建筑面积，补贴建筑物升级改造费用，资助空调设备审计

3.1.4　新加坡韧性规划体系对我国韧性城市建设的启发

1. 建立适水性策略体系，韧性策略与适水目标相匹配

在气候变化背景下，城市面临的水危机是多源的，达成韧性规划目标需要集合城市空间内多种要素，采取跨学科的研究思路与技术手段，明确策略体系。借鉴新加坡提出的构建水资源、水生态、水安全、水气候四个策略层，将韧性规划分解为具体的规划方法与行动准则，分别采取适宜的规划技术手段。如水安全这一策略层可分解为保护海岸线与抵御雨洪灾害两个方面，分别应对海平面上升带来的岸线环境变化与极端气候影响下的雨洪灾害问题。对于前者，可预测海平面上涨趋势，划定沿海弹性空间，将混凝土墙、碎石墙逐步修复为以自然生境为主的海岸缓冲带；对于后者，通过SWMM、InfoWorks 等软件模拟技术工具识别城市雨洪灾害脆弱地区，优化排水分区划分，改善城市竖向设计状况。除此以外，逐步开展绿色基础设施改造，对地表径流的源头、路径、受体等分别进行改造，将雨水花园、滞留池等融入各层级的绿地景观设计。

需要明确的是，城市韧性是城市中的集体、个人、机构在各类外部作用冲击下存活、适应与发展的能力，因此韧性城市规划策略层的制定应综合考虑来自自然、社会、经济的多种冲击情景。相应地，规划技术也不应停留在工程建设层面，而要实现工程、

生态与社会的贯通。

2. 形成配套的技术导则与管理架构，保障适水性策略的可实施性与社会认同度

对于首先受到气候变化影响的沿海城市，要将提升城市适水发展的目标纳入"城市体检"和"城市双修"的工作范畴。这是一项需要从顶层设计逐级落实到"针灸式"更新的复杂工程，因此需要确保分散、短期的决策与长远战略目标保持一致。建议借鉴以新加坡为代表的国际普适性经验，建立由政府部门牵头、职权分工明确、善用社会企业及相关科研资源的决策系统，编制覆盖不同空间尺度的规划设计导则，形成调研、评估、设计、实施及管理一体化的生态韧性规划体系。凝聚科研工作者、规划师等专业人士的群体智慧，使其成为科学研究与政策制定的协调者与转译者。在国土空间规划编制过程中，也应注重将开发商、公众及专家等利益相关者纳入韧性决策框架中，通过公众宣传教育，形成社会群体对韧性城市的正确认识，善用激励政策激发社会团体的活力，共同促进规划落实。

气候变化给城市带来了新的挑战，韧性理念下的人居空间规划可以促进城市的可持续发展。通过对新加坡空间规划体系中的韧性理念和适水规划进行梳理分析，笔者认为新加坡水环境韧性规划体系的优势在于：第一，对水问题的关注贯穿历版概念规划且不断与时俱进更新迭代，并形成了从顶层设计到实施性规划一体化的规划体系；第二，对韧性进行了多方面的解读，形成了内涵丰富、目标多元的策略体系及技术方法体系；第三，构建并实施了灵活的设计导则与管理方法，使韧性理念渗透到设计与管理的全领域，并强调社会资源的重要性。当讨论语境转换到我国沿海城市时，气候变化的不确定性与城市发展条件的多样性增加了韧性规划的复杂性，因此在探索将韧性规划融入我国国土空间规划体系的方法时，应采取因地制宜、科学适用的韧性理念解读方式，探索符合国情的韧性规划框架，并加强团队能力建设，保障城市在复杂环境变化中的可持续发展。

3.2 适水街区案例——北京亮马河

3.2.1 亮马河滨水景观廊道项目

北京亮马河滨水景观廊道位于朝阳区，西起香河园路，东接朝阳公园，毗邻重要外交使馆区、三里屯、燕莎友谊商城、凯宾斯基饭店、启皓大厦、蓝色港湾国际商区等人群汇聚的区域，两岸及周边业态丰富，建设面积 80.13 ha，景观廊道设计部分河道全长 5.575 km，是朝阳区重要的公共滨水区域（图 3-12）。

亮马河的治理工作始于 20 世纪 80 年代。经过前期多年治理，河水变得更加清澈，两岸的花草树木也愈加茂密。然而，滨水景观未能得到充分关注，导致河岸配套设施不足，环境质量欠佳。市民虽然能够靠近河边，但无法真正享受亲水的快乐，沿线企业也与河流背向发展。这种状况与城市发展不协调，也未能满足市民的期望。亮马河本应是北京城内一处具有吸引力的滨水之地，但由于景观和设施的缺失，逐渐成为一个被人们忽视的地方。所以北京市启动亮马河滨水景观廊道项目（图 3-13），旨在恢复和提升亮马河水系环境，通过水质改善、生态修复和景观提升，打造一个集生态保护、城市景观和休闲娱乐于一体的综合性城市河流景观。这一项目作为北京市政府推进城市生态环境治理的重要工程，目标包括提升河水水质、修复两岸生态系统、优化河流沿岸景观设计及为市民提供休闲娱乐空间。主要措施涵盖水质净化（如截污治污、生态湿地建设和清淤疏浚）、生态修复（如植被恢复和栖息地建设）、景观提升（如休闲步道、自行车道和公共设施建设）及公众参与（如宣传教育和社区参与）。预期效果是改善河流水质和生态环境，提升沿河区域的景观和居民生活质量，为市民提供绿色健康的休闲空间。北京市政府和朝阳区政府主导项目实施，专业团队负责设计和施工，环保组织和社区居民积极参与，确保项目的长期可持续发展。

3.2.2 亮马河适水性建设

在适水性方面，项目综合考虑了水资源、水安全、水生态、水景观、水文化、水经济 6 个方面的系统融合，将部分段落两侧退地还河，恢复滨水空间。结合补水工程、水生态及水科技工程的建设，以及景观水利一体化的措施，如引入曝气、引水上岸等，

图 3-12　亮马河沿岸

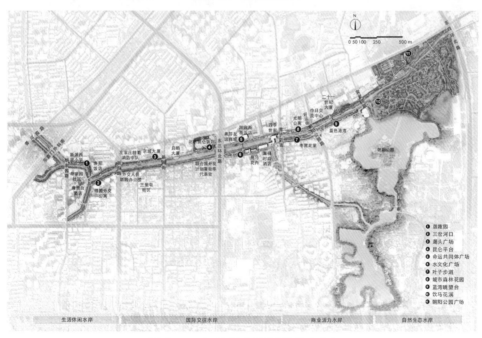

图 3-13　亮马河滨水景观廊道总平面图

促进水生态系统的修复及河道系统生物链的构建，形成水体自净的丰产河道。加之智慧水务、生态监测、闸坝集成管理系统等科学治水模式的应用，实现智慧城市的先行探索。改造前，亮马河沿线直立的围墙、高高的绿篱、坚硬的堤岸分割了城市与河道，阻隔了人与自然的交流，也隔开了历史与现在。在设计团队看来，自然应该渗透在城市中，突破空间、文化等界限，滨河景观空间应该实现与文化、商业、建筑的融合。在项目设计过程中，设计团队与业主单位以周边企业及市民的需求为切入点，使亮马河沿线多元的空间使用功能可以延续至水岸空间，也使得水岸景观延展"生长"。重新整合两岸沿线的公共空间，将特色多元的滨水慢行系统、多样丰富的驳岸形式以及沿途完善的公共服务设施串联成一条长约 5.5 km 的景观廊道（图 3-14）。

图 3-14 亮马河沿岸步道

3.2.3 案例启示

亮马河作为中国近年来打造的"网红"项目，为北京市民提供了良好的生态与休闲空间，每天夜晚整个亮马河沿岸充满了活力和生机，让滨河廊道真正"亮"了起来，其从项目策划到实施层面，都为国内其他街区的适水性建设提供了启示和借鉴。

1. 综合治理与规划

在综合治理方面，可以采取多种措施，如建立健全水资源管理制度，确保水资源的科学利用和合理分配；建立水环境监测网络，实时监测水质和水量，及时发现和解决问题；建立生态保护补偿机制，鼓励企业和居民参与生态环境保护。

2. 生态修复与保护

在生态修复方面，可以实施湿地建设和恢复项目，增加湿地面积，提高生物多样性；提高植被覆盖度，种植抗旱、抗逆的植物，减少水土流失，改善水质；设立生态红线，严格保护水源涵养区和重要生态系统，确保生态环境的可持续发展。

3. 水景观设计与人居环境融合

在水景观设计方面，可以采用多样化的手段，如修建生态湿地公园和滨水绿地，提供居民休闲娱乐的场所；设计人性化的河岸步道和观景平台，方便居民欣赏河景和亲近自然；设置水景雕塑和艺术装置，增加河岸的艺术氛围，提升景观品质。

4. 公众活动类型策划

除了丰富的漫步、野餐、露营等市民自组织活动，亮马河还会定期组织适水性相关活动，如"醒春首航"活动、国潮文化节活动等吸引人群，通过游船、龙舟、桨板、滑冰、徒步、骑行、垂钓、露营、观鸟等活动，引导商业空间"向水开放"，提高滨水空间历史文化景观和商业价值。

5. 先进技术的应用

在技术应用方面，可以引进先进的水处理技术和设备，如生物滤池、人工湿地等，提高水资源的利用效率和水质的净化能力；推广智能水务管理系统，实现对水资源的智能监测和管控，提高水资源管理的科学化和精细化水平。

通过以上措施的实施，适水性街区的建设可以更加全面和系统，既满足了城市发展的需要，又保护了水资源和生态环境，实现了城市与自然的和谐共生。

3.3 适水性住区案例

3.3.1 弗赖堡沃邦社区

弗赖堡位于德国西南部，靠近法国和瑞士边境，以其生态友好的城市规划而闻名世界。弗赖堡位于黑森林的西南部，拥有良好的自然景观，城内的舒适气候和众多绿色空间也使其成为一座宜居的城市（图 3-15、图 3-16）。依托良好的生态本底，弗赖堡广泛推行可持续发展的城市规划和环境保护措施，市内广泛使用太阳能和其他可再生能源，公共交通系统发达，自行车道网络完善，由此它被誉为"德国最环保的城市"，而沃邦社区是它市内最为典型的生态宜居社区。

沃邦社区建于 20 世纪 90 年代，原址是一座法国军营。在 20 世纪 90 年代初，市政府和当地居民合作，将这个地区转变为一个生态友好的居民区，从创立起便坚持创新的环境设计和可持续发展理念。在规划上，沃邦社区注重能源效率、资源利用和减少环境影响（图 3-17、图 3-18）。这里的建筑大多采用被动房设计，具有极高的能源效率，许多房屋配有太阳能光伏板和绿色屋顶（图 3-19、图 3-20）。社区鼓励无车生活，街道设计使行人和自行车优先，汽车使用受到限制。社区内有完善的公共交通系统，减少了对私人车辆的依赖。适水性建设是生态环境保护措施的一个重点方面，在这方面沃邦社区也具有先进的经验。

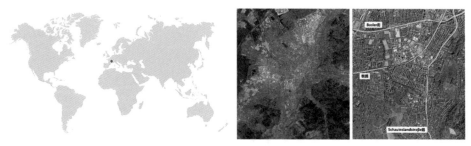

图 3-15 弗赖堡沃邦社区区位

图 3-16 弗赖堡沃邦社
区周边村镇

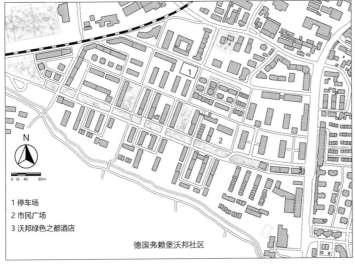

图 3-17 沃邦社区平面
图

图 3-18 沃邦社区功能
分布

图 3-19 沃邦社区主街外景

图 3-20 沃邦社区建筑院落

1. 雨洪韧性建设

沃邦社区内的许多建筑物都配备了雨水收集系统，将雨水收集后储存在地下蓄水池中，用于灌溉花园和冲厕等非饮用水用途（图 3-21）。社区内的道路和步行道大部分采用透水铺装材料，这些材料允许雨水渗透到地下，减少地表径流和防止洪水（图 3-22、图 3-23）。很多建筑物都安装了绿色屋顶，这些屋顶不仅美化了环境，还可以有效地吸收雨水，减轻城市排水系统的负担。此外，还设置了海绵景观绿地（图 3-24）。

图 3-21　沃邦社区建筑

图 3-22　沃邦社区地面设下凹式可排水铺装

图 3-23　沃邦社区地面排水系统

图 3-24　沃邦社区海绵景观绿地

2. 水资源循环处理

社区使用分散式污水处理系统，如人工湿地和生态滤池，这些系统通过自然的生物和植物过滤方法处理污水，避免了传统污水处理厂对环境的负面影响。在公共通道设置绿色沟渠来收集雨水。再加上住宅开发时设置的蓄水池收集雨水，因此90% 径流雨水被蓄纳。这些雨水一部分渗入地下补充地下水，另一部分经过处理用作居民或公共建筑的厕所用水。一些家庭和公共建筑安装了灰水回用系统，将洗浴和洗衣用水等灰水简单处理后重新利用，用于冲厕和灌溉。

3. 适水理念与智慧管理

社区内推广使用节水型设备，如节水龙头、低流量马桶和节水型家电，社区中心和学校经常举办与水资源管理相关的讲座提高居民节水意识。社区内保留和修复了自然水体，如小溪和湿地，通过植被恢复和水质监测，保护当地的水生态系统。社区采用先进的水管理设施，如智能水表和实时监测系统，以高效管理水资源并及时发现和解决水资源使用中出现的问题。

3.3.2 天津中新生态城

天津中新生态城是中国北方的一座现代化生态新城，位于天津市滨海新区，是中国政府推进生态文明建设和城市可持续发展的典范项目之一。天津中新生态城占地约 30 km², 项目始建于 2007 年，致力于打造集生态环保、科技创新、产业发展于一体的现代化城市（图 3-25）。生态城规划了高新技术产业园区、生态居住区、生态商

图 3-25　中新生态城起步区全景

务区等多个功能区，以实现人与自然的和谐共生。生态城内，绿色植被覆盖率高，湿地和绿地面积大，在此呼吸着清新的空气，漫步在宁静的环境中，让人仿佛身处自然的怀抱中。同时，生态城在水资源管理、垃圾处理、能源利用等方面采用了先进的技术和手段，致力于实现资源循环利用和低碳环保。在科技创新方面，生态城吸引了大量高科技企业和研发机构入驻，推动了生态科技产业的发展和创新成果的转化，为城市经济注入了新的活力。中新生态城的适水性建设具有其特殊之处：一是滨海的特殊地理位置，有关流域水系的关系需要在更大尺度层面考虑；二是天津属于缺水城市，水资源的集约利用是其生态理念的核心；三是盐碱化的土壤为生态修复带来了更大的难度，蓝绿空间的塑造需要更高的技术。

1. 适水性规划布局

依托水系和湿地，天津中新生态城建设了楔状绿地，形成了与区域生态系统相连的生态廊道（图3-26、图3-27）。沿着蓟运河和津汉快速路等主要河道和交通干道两侧，规划并建设了防护绿带，形成天然的生态屏障。这些防护绿带不仅为城市提供了绿色隔离带，还在净化空气、减少噪声方面发挥了重要作用。结合自行车和步行系统，生态城还建设了分布广泛的绿廊系统。绿廊系统将城市各个区域有机连接起来，不仅为居民提供了便捷的慢行交通网络，还为生物多样性保护提供了有利条件。这些绿廊通过植被覆盖和水系贯通（图3-28、图3-29），形成了一条条绿色通道，促进了人与自然的和谐共生。

2. 水生态的治理与修复

生态城坚持"控源、治污、扩容、严管"四措并举，实施"一河一策"治理入海河流，蓟运河入海水质于2019年实现消劣，2022年达到Ⅳ类，主要污染指标化学需氧量、氨氮和总氮浓度得到有效控制，近岸海域优良水质比例可达100%（图3-30、图3-31）。

3. 水资源循环利用

科学合理地利用水资源是天津中新生态城落实可持续发展理念的重要措施之一。生态城积极推进广泛的雨水收集和污水回用系统建设，实施污水集中处理和资源化利用工程，以多渠道开发利用再生水和淡化海水等非常规水源，旨在提高非传统水源的利用比例。按照生态城的用水控制指标，要求非传统水资源利用率不低于50%。在

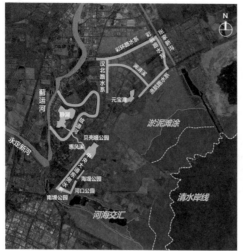

图 3-26　中新生态城水系分布

图 3-27　中新生态城蓝绿系统耦合设计

图 3-28　中新生态城海岸线生态化设计

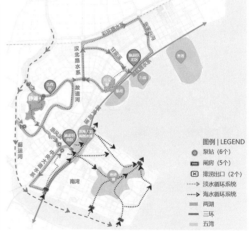

图 3-29　中新生态城水系连通规划

图 3-30 中新生态城沿海岸线演变历程

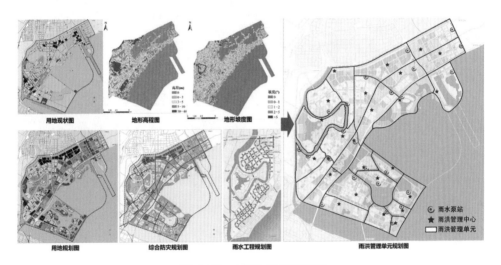

图 3-31 中新生态城雨洪管理

居民对水的消费中，饮用和日常用水占据主导地位。其中，饮用水量约占总消费量的5%，而其余95%主要用于洗涤、排污等其他用途。为了更好地满足不同用水需求，生态城在住宅小区实施了A、B两套供水系统。A系统专门供应符合饮用水标准的水，用于冲茶、洗米、洗菜和煮饭等用途。而B系统则专门供应中水，通过蓄水池、过滤器等设施对废水进行处理后循环利用，将住户洗菜、洗衣、洗澡产生的废水以及屋面和地面的雨水进行物理和化学处理后再输送至住户的中水管，用于洗地、洗车、绿化、水景、冲厕、排污等日常使用。这一系统有效地实现了水资源的再利用，从而减少了对传统淡水资源的依赖，提高了水资源的利用效率。

生态城在规划阶段就重视水资源的节约集约利用、多元水资源利用。根据《天津生态城三区统筹规划（2014—2020 年）》强调了生态城与区域生态系统的衔接和生态网络打造，加强能源、水资源的节约集约利用，低碳化的社区建设模式等方面，低碳目标明确，生态特点突出。对水资源与雨洪管理着重提出：水环境保持与雨洪水利用，满足生态环境需水量要求，提高河道水体水质，明显改善沿岸环境景观。

4. 水景观与文化

中新生态城利用滨水空间良好的生态效能和自然培育能力，不断维护生物多样性和生态稳定性。以八卦滩为核心建设了遗鸥公园，划定了 540 ha 的遗鸥生态保育区，推动了海洋渔业资源和沿海湿地鸟类种群的显著恢复。观测到的鸟类种类从原来的 106 种增加到 179 种，其中包括国家一级重点保护野生动物遗鸥，它们在此栖息越冬，种群规模不断扩大。生态城还大力宣扬海洋文化与绿色环保理念，显著增加亲海空间，以国家海洋博物馆为代表，推出一系列海洋文化活动。

天津中新生态城在适水性城市住区建设方面提供了宝贵的经验和启示。首先，有效的水资源管理是适水性城市建设的核心。生态城通过整合多种水资源管理措施，如雨水收集、污水处理、再生水利用等，实现了水资源的高效配置和循环利用，表明在城市规划中应重视水资源的综合管理，以提高水资源利用效率，减少对传统水源的依赖。建设多层次的污水处理系统，提高污水处理和再利用能力。生态城通过建立污水集中处理设施和再生水系统，将污水处理后用于绿化、冲厕等非饮用用途，有效降低了对淡水资源的需求。其他城市可以借鉴这一模式，通过分质供水和污水再生利用，实现水资源的可持续管理。采用海绵城市理念，通过自然系统调节城市水循环。生态城广泛应用了"海绵城市"理念，通过渗透、滞留、储存、净化等措施，有效控制和利用雨水径流，缓解城市内涝问题，改善水环境（图3-32）。其他城市可以推广海绵城市建设，提高城市的雨水管理能力和水环境承载力。

其次，提升居民的环保意识和参与度，对适水性城市建设至关重要。生态城通过多种形式的环保宣传和教育活动，提高了居民的节水意识和环保参与度。其他城市可以通过社区活动、宣传教育等方式，推动公众对水资源保护的认识和行动，促进适水性城市的全面发展。科技创新技术在水资源管理和适水性建设中也起到关键作用。生态城通过应用先进的污水处理技术、智能水网系统等，实现了水资源的高效管理和利

索引类型	工程设施	技术示意图	适用尺度	适用场地	景观效果
渗透功能技术设施	透水铺装	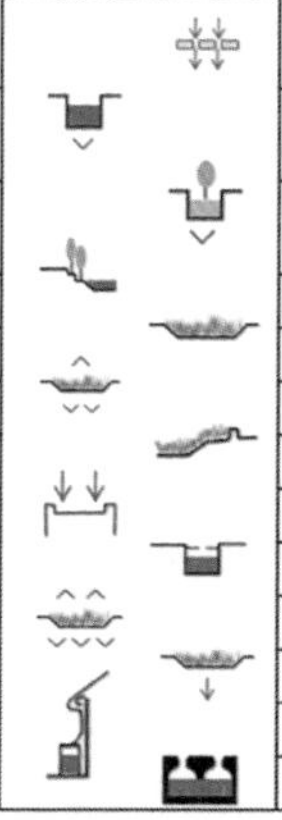	尺度可缩放	城市人工湖广场、功能活动区、建筑物或构筑物周边场地等,适用范围广	一般
	渗透沟(渠)		小尺度	城市人工湖道路两侧、硬质广场周边、建筑物及构筑物周边	一般
	渗滤树池		小尺度	城市人工湖道路两侧、硬质广场周边、建筑物及构筑物周边	好
	植被缓冲带		中尺度	城市人工湖湖岸带	好
导流功能技术措施	植被浅沟		小尺度	城市人工湖道路两侧、硬质广场周边	较好
	雨水植草沟		小尺度	城市人工湖缓坡草地周边	好
	生态堤岸		中尺度	城市人工湖近岸带	好
	坡面屋顶		小尺度	建筑、构筑物屋顶及屋檐细部	较好
	渗管、渠		小尺度	城市人工湖广场周边、建筑物或构筑物周边场地	一般
存储功能技术设施	雨水湿地		中尺度	城市人工湖低势基质场地区	好
	低势绿地		中尺度	城市人工湖建筑物、构筑物、广场、活动区周边场地	一般
	雨水罐		小尺度	城市人工湖建筑物、构筑物周边场地	一般
	调节池		小尺度	城市人工湖广场、活动区周边及周边场地	一般

图 3-32 中新生态城微尺度蓝绿系统耦合设计

用。其他城市可以引进和应用新技术、新设备,提升水资源管理水平,推动适水性城市建设。通过借鉴天津中新生态城的这些成功经验,其他城市可以在适水性住区建设中采取相应的措施,提升水资源管理水平,改善生态环境,实现可持续发展。

　　天津中新生态城的污水治理措施多样,确保了污水的有效处理和资源化利用。首先,建立了完善的污水收集系统,确保城市各区域产生的污水能够集中收集,避免直接排放到自然水体中。其次,配置现代化的污水处理设施,采用生物处理、物理化学处理等技术去除污水中的有害物质和污染物。通过先进的污水处理工艺,如生物处理、厌氧处理和膜分离技术,确保污水得到高效、彻底的处理。此外,污泥处理与资源化利用是污水治理的重要组成部分。通过焚烧、厌氧消化和堆肥等方式,将污水处理过程中产生的污泥转化为资源,实现污泥的资源化利用。处理后的污水被用于农业灌溉、工业生产和城市绿化,进一步实现了水资源的再利用,减少了对传统淡水资源的需求。最后,生态城建立了污水处理的监测与管理体系,定期对污水处理设施进行检查和评估,确保其正常运行并达到排放标准。通过这些措施,生态城在污水治理方面取得了显著成效,降低了污水对环境的影响,保护了水资源,维护了生态平衡,提升了城市环境质量(图 3-33、图 3-34)。

图 3-33　中新天津生态城海堤公园

图 3-34　生态城滨水景观

4

适水性住区评价方法
与体系构建

4.1 住区尺度适水性评价的核心要素

基于城市规划设计、居住区规划设计与城水耦合研究机理的研究，在韧性城市、海绵城市和城市适应性规划等理念的指引下，通过城市中观住区层面与气候适应性的耦合研究，针对适水性的内涵、特征、目标和规划设计原则，结合城水关系、水环境、气候适应性以及住区层面的耦合机制研究，总结出住区适水性评价的研究内容，主要包括以下四个方面。

1. 水资源

水资源高效集约利用内容包含：从不同类型水资源出发，首先是生活用水，应满足城市居民日常生活用水的需求，提高节水型居住区覆盖率和节水器具普及率，探究通过相应的技术手段和节水宣传，降低城市居民人均生活用水量和城市供水管网漏损率。对于居住区内的景观用水，除满足城市景观用水的需求外，还需要保证各类景观用水旱季不旱，雨季不涝。在非常规用水方面，住区内部应形成多元用水格局，提高非常规用水占总供水量的比重，提高雨水、中水、再生水的利用率，结合海绵城市的相关理念和技术，促进水资源的充分高效利用。

2. 水生态

水生态景观修复效应内容包含：水景观的设计对生态修复具有重要价值，其设计思路应基于水生态修复效能和滨水空间的适宜性规划。水景观设计不仅包括住区内部与水相关的生态要素系统，还涉及住区外部滨水生态要素格局及住区与水体之间的过渡空间中的生态系统。这些要素之间的结构与关联对于水体健康和生态系统的恢复至关重要。合理的水景观设计能够促进水生态系统的修复，提升水体及周边环境的生态功能，同时促进人与自然和谐共生，提升住区的生态价值与可持续发展能力。

3. 水安全

水安全韧性防控内容包含：由于水气候变化会给住区带来一系列相关的气候灾害，在住区的规划设计中，水灾害的安全防控逐渐成为适水性住区研究的重要基本内容。水灾害的安全防控主要考虑城市滨水住区在面对暴雨、台风等极端天气时，如何利用自身滨水的区位优势以及住区相应的物质空间规划措施，最大限度地抵御并适应极端天气，从而减少极端天气带来的损失，以构建稳定长久的适水性生态安全格局为最终目的。

4. 水气候

水气候效能适应性内容主要包含水气候适应性与微气候舒适性两个方面。住区内部的微气候舒适性与住区内的物质空间形态、地面铺装、植物配置等多重要素具有很强的相关性，因此在这部分研究中，将聚焦于城市住区空间形态与微气候相关联的研究，旨在通过良好的物质空间形态规划达到良好的城市微气候条件。此外由于滨水住区的特殊区位，还应该加强水体环境对住区微气候影响的研究，以及探讨对住区空间如何规划布局以适应滨水空间良好的微气候环境、对滨水地区水气候效能如何更加充分利用的研究。

4.2 DPSIR 评价模型介绍

4.2.1 DPSIR 理论概况

DPSIR 模型是一个层次化的理论框架，由目标层、准则层和指标层构成。DPSIR 由 drive force（驱动力）、pressure（压力）、state（状态）、impact（影响）和 response（响应）的首字母缩写而成，模型中涵盖了人、自然资源与自然环境、经济发展和社会政策等几个方面的因素，各部分之间相互作用和影响，形成一个复合系统。DPSIR 模型在指标的选取上较之之前的理论框架更加全面，具有直观、综合和可操作性强的优势，指标体系的应用效果也得到进一步提高。DPSIR 模型的应用主要集中在水资源、土壤、生物管理保护以及环境管理科学的决策与实施上，国内外均有学者将其作为评价体系的框架使用。

DPSIR 模型所包括的五个参数能够全面地描述环境系统变化的因果关系。驱动力是指可能造成自然资源和环境变化的最基础的影响因素，如经济发展状况、人口、自然资源及环境状况等；压力是驱动力产生的结果，是由于驱动力各因素的作用而产生的、会对自然资源和环境造成压力的各因素，相比驱动力，这些因素对自然资源和环境状况的影响更为直接；状态是指自然资源或环境系统在压力下所表现出的状态，这里的状态与所评价的目标紧密相关，是所评价目标的直接反映；影响是指前三者共同作用所导致的结果，这些影响指标包括自然资源及环境影响，也可能涉及与评价目标直接或间接相关的社会经济其他因素；响应是针对状态、影响中的相关指标状态所采取的应对措施，目的是优化现有的状态，多体现为政策措施、法律手段及社会经济手段等。这五个参数本身之间有线性的因果关系，又不只局限于简单的线性因果关系，比如响应因素对其他因素就均有改善和影响的作用。该模型的逻辑框架如图 4-1 所示。

DPSIR 模型的相关指标能够把自然系统时空上的定性信息定量化，将定性与定量相结合有助于我们更好地理解自然系统和人类活动之间的关系。另外，响应类指标能反映出国家和政府的相关政策和法律是否完善到位，所以指标在描述环境和可持续发展问题上起着很重要的作用。

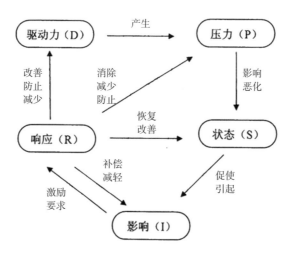

图 4-1　DPSIR 模型逻辑框架图

4.2.2　构建原则

在选取指标并构建滨水住区适水性评价体系过程中，应考虑涵盖水资源、水生态、水安全、水气候四个维度的内容，做到初级指标的选取全面、客观、科学，具体的选取原则如下。

1. 代表性原则

影响住区适水性的指标众多且各个因子之间存在复杂的相互作用，评价指标体系无法包含全部因子，应科学地选择其中最具代表性、最能反映住区适水特征的指标。

2. 全面性原则

住区的适水性评价中涉及相对多元的适水维度，因此在选取指标时应考虑涵盖水资源高效集约利用、水安全韧性防控、水气候效能适应性以及水生态景观修复效应四个层面的内容，应查阅较多的文献，分别有侧重地选取具有针对性的指标内容，资料不仅应包含空间研究、景观设计等内容，还应该涉及水环境科学、生态学等交叉领域的内容。

3. 可操作性原则

指标的选择应遵循可比、可量、可行的原则，由于研究适水性需要探究空间指标要素的适水性作用机理，因此部分指标应该具有可模拟、可量化计算的特征，便于空间参数的模拟研究。

4.3 基于 DPSIR 模型的寒冷地区滨水住区适水性评价因素分析

4.3.1 基于"适水"的住区影响因子梳理

1.水资源高效集约利用方面的因子梳理

根据文献归纳总结可得，在水资源高效集约利用方面国内外学者主要关注的指标为水资源人均占有量、人均供水量、建成区给排水管网密度、年平均降水量、污水处理率、透水铺装面积占比、绿色建筑占总建筑数量比和雨水回收利用率等（表4-1）。

表 4-1 水资源高效集约利用相关指标梳理

作者	文献名称	关键指标
刘宁（2016 年）	基于水足迹的京津冀水资源合理配置研究	单位面积水资源量 / 水资源可开发利用率 / 水质综合达标率 / 水资源利用率 / 水资源供需平衡指数 / 人口密度 / 生态环境用水率 / 植被覆盖率
张海良（2019 年）	锦州市水资源可持续利用综合评价	年降水量 / 人均水资源量 / 人均用水量 / 年均径流深 / 水资源开发利用程度 / 耗水率 / 人口密度 / 污水排放量 / 污水处理率
代月（2019 年）	城市多维视角下的城市水生态系统脆弱性评价研究	供水情况 / 用水情况 / 排水情况 / 降雨情况 / 城市及滨水地区建设强度 / 绿地规模 / 绿地系统空间格局 / 水系规模 / 水系空间格局 / 河流特征 / 河漫滩特征 / 道路建设规模 / 道路网络格局 / 滨河或跨河道路空间形式
崔嘉慧（2020 年）	城水耦合视角下城市新区水环境评价与优化研究——以天津滨海新区和上海浦东新区为例	年降水量 / 地形坡度 / 植被覆盖率 / 人口密度 / 人均日生活用水量 / 污水处理率 / 地表径流量 / 水域面积 / 河网密度 / 透水铺装面积占比 / 绿色建筑占总建筑数量比 / 雨水回收利用率
陈姚（2020 年）	襄阳城市水安全评价及其生态修复策略研究	多年平均降水量 / 植被覆盖率 / 人均居民生活用水量 / 生态环境用水量 / 人均水资源量 / 建成区给水管网密度 / 公共节水普及率
焦隆、王冬梅（2020 年）	基于 DPSIR 模型和水足迹理论的桂林市水资源承载力研究	总人口 / 人口自然增长率 / 总用水量 / 生活用水量 / 降水 / 污水处理率 / 水资源总量 / 人均水资源量 / 水质达标率 / 环保投资
吴丹、向筱茜（2021 年）	共生视角下水资源利用与经济高质量发展协调评价体系构建及其应用研究	生活用水比例 / 生态环境用水比例 / 人均用水量 / 人均居民生活用水量

作者	文献名称	关键指标
李治军、侯岳、王华凡（2021年）	基于 AHP -熵权法与模糊模型的济南市水资源安全评价	年平均降水总量 / 供水总量 / 年平均气温 / 人均水资源量 / 生态环境用水量 / 污水排放总量 / 绿化覆盖率 / 污水集中处理率 / 水质达标率
刘洋（2021年）	基于 BP 神经网络的辽宁省水资源开发利用程度评价研究	水资源人均占有量 / 可利用水量模数 / 人均供水量 / 水资源开发利用率 / 供需水模数 / 生态环境用水率
王世福、邓昭华（2021年）	"城水耦合"与规划设计方法	水资源可利用量 / 供水保障率 / 城市供水管网漏损率 / 城市生活需水量 / 人均日生活用水量 / 节水器具普及率 / 节水型居民小区覆盖率 / 生态环境用水量 / 雨水资源利用率 / 再生水回用率 / 污水集中处理率 / 地块透水铺装率 / 下沉式绿地率 / 绿色屋顶率 / 单位面积控制容积

2. 水生态景观修复效应目标导向的因子梳理

根据文献归纳总结，在水生态景观修复效应方面，国内外学者主要关注的生态效能指标包括：滨水景观的可达性和生态视野的通达性，通常通过 GIS 等软件进行分析评估；沿岸建筑的退让距离、高宽比、层次指数等影响生态系统健康的结构性因素；滨水景观的亲水性、安全性、植物配置和水质状况等对水生态系统修复至关重要的因素。这些指标不仅反映了景观美学，更重要的是它们直接影响水体的健康与生态系统的稳定性，进而决定了水景观在生态修复中的核心价值（表4-2）。

表 4-2　水生态景观修复效应相关指标梳理

作者	文献名称	关键指标
王水源（2014年）	城水和谐视角下山地城市城水适应性规划分析——以上杭客家新城为例	滨水景观可达性 / 水景观廊道（空间句法叠加与三维纺锤法）
杜宁睿、汤文专（2015年）	基于水适应性理念的城市空间规划研究	生态过滤带 / 雨水花园
齐梦楠（2016年）	北京商业步行街微气候适应性空间优化研究	建筑色彩 / 屋顶绿化
Hong Jin、Teng Shao、Renlong Zhang（2017年）	Effect of water body forms on microclimate of residential district	local microclimate regulation/tree species diversity/ environmental subsystem/environmental quality/ landscape naturalness/landscape visual enjoyment/ overall landscape
李光晖（2017年）	可持续雨洪管理下绿地和雨水管网协同优化决策指标研究	树种多样性 / 景观格局指标 / 环境质量 / 显示度 / 社会效益 / 景观的自然度 / 景观视觉享受 / 总体景观 / 水景观效应 / 水生态干扰程度 / 水景观节点可达性

作者	文献名称	关键指标
宋楠楠（2019年）	杭州市景区村庄滨水公共空间景观评价研究	水岸形态 / 水体通畅性 / 水体视域 / 滨水空间亲水性、安全性、多样性 / 水质状况 / 空气状况 / 道路舒适性 / 植物层次丰富度 / 植物色彩丰富度 / 植物物种多样性 / 涉水构筑物 / 滨水公共空间景观规模 / 滨水建筑建设合理性
马冰然、曾逸凡、曾维华等（2019年）	气候变化背景下城市应对极端降水的适应性方案研究——以西宁海绵城市试点区为例	绿色屋顶 / 雨水花园
王世福、邓昭华（2021年）	"城水耦合"与规划设计方法	水体可达性 / 景观格局指数 / 绿色廊道宽度 / 建筑退让距离、高宽比 / 河阔比 / 间口率 / 空地率 / 通视率 / 游憩节点距离 / 配套设施完善程度 / 垂直于河道的慢行通道间隔及密度 / 沿岸贯通率 / 最小连续通行长度
袁瑾睿（2022年）	基于景观质量评价的无锡古运河滨水景观优化设计方法研究	水景形式 / 驳岸形式 / 道路铺装 / 植物配置 / 建筑及构筑物 / 交通可达性与便捷性 / 沿岸活动多样性、可参与性 / 基础设计完善度、安全性 / 空气质量 / 环境清洁度 / 水质 / 绿化率 / 植被类型
肖健（2021年）	滨水区域景观通廊相关空间指标研究	滨水间口率 / 宽度首位度 / 通廊变化波动指数 / 建筑突变指数 / 建筑层次指数 / 建筑色彩指数

3. 水安全韧性防控方面的因子梳理

根据文献归纳总结可得，在水安全韧性防控方面国内外学者主要关注的指标为水面率、河流与湖泊的相关物理属性、污水处理率、管网漏损率、绿地率、绿色屋顶率、透水铺装率、相关海绵城市设施普及率等（表4-3）。

表 4-3 水安全韧性防控相关指标梳理

作者	文献名称	关键指标
杨丰顺、邵东国、肖淳等(2011年)	武汉城市圈水安全评价指标体系与标准	城市人口密度/洪灾损失率/堤防达标率/水面率/自来水普及率/管网漏损率/污水处理率/截污率/污水处理达标率/水功能区达标率/植被覆盖指数
Ranhao Sun、Ailian Chen、Liding Chen(2012年)	Cooling effects of wetlands in an urban region: The case of Beijing	wetland type/wetland area/land surface temperature(LST)/distance from downtown/turning distance/temperature difference
臧鑫宇（2014年）	绿色街区城市设计策略与方法研究	水气候灾害预警/水气候灾害防治/水气候灾害处理/水体规模/地表径流量/渗透率/生态排水系统/市政管网普及率/自然湿地净损失/渗水铺装材料占有率
贡力、靳春玲（2014年）	基于水贫困指数的城市水安全评价研究	地表水资源量/水资源供需比/自来水供水户达标率/饮用水源水质达标率/水资源利用率/人均日生活用水/城市家庭年收入/婴幼儿死亡率/地表饮用水综合污染指数/城市污水处理率/绿化覆盖率
杜宁睿、汤文专（2015年）	基于水适应性理念的城市空间规划研究	生态过滤带/雨水花园/生态蓄水池/自然排水系统比例/可渗透地面比例
张福祥（2016年）	海绵城市背景下城市街头绿地水适应性景观设计研究——以天津市和平区为例	道路边界适水设计/建筑边界适水设计/竖向设计/铺装材料
许大炜、管华、程冬东（2016年）	基于DPSIR模型的淮海经济区水安全评价	人口密度/年降水量/废污水排放总量/排水管道长度/地表径流量/绿化覆盖率
李光晖（2017年）	可持续雨洪管理下绿地和雨水管网协同优化决策指标研究	控制年径流量/恢复河湖水系生态岸线/保持地下水位稳定/管网漏损利用/雨水渗入量控制/透水面积比例/雨水管管径/各级管网铺设率/管网网化度/管网连通指数/管网覆盖率/应急管理/生态足迹指数/绿色屋顶覆盖率/不透水下垫面径流控制比例
陈姚（2020年）	襄阳城市水安全评价及其生态修复策略研究	年平均降雨量/水土流失率/植被覆盖率/人均居民生活用水量/生态环境用水量比例/建成区给水管网密度/水土流失治理率
王世福、邓昭华（2021年）	"城水耦合"与规划设计方法	年径流总量控制率/河道宽度/自然岸线保有率/湖泊面积/内涝防治设计重现期/绿色屋顶率/下沉式绿地率/不透水面率/透水铺装率/生物滞留设施比例/居住区绿地率/道路绿地率

4. 水气候效能适应性方面的因子梳理

根据文献归纳总结可得，在水气候效能适应性方面国内外学者主要关注点为水体尺度、水体形态、水体布局、水体分布状态、水体破碎度、河道断面形式等水体相关指标，以及建筑密度、建筑高度、建筑围合度、屋顶绿化、不透水地表比例等空间布局相关指标（表4-4）。

表 4-4　水气候效能适应性相关指标梳理

作者	文献名称	关键指标
Ranhao Sun、Ailian Chen、Liding Chen（2012 年）	Cooling effects of wetlands in an urban region: The case of Beijing	wetland type/wetland area/landscape shape index（LSI）/distance from downtown/wetland temperature/turning temperature/turning distance/temperature difference/temperature gradient
臧鑫宇（2014 年）	绿色街区城市设计策略与方法研究	路网结构/街区尺度/绿地廊道/生态格局/布局结构/空间连接性/热环境舒适度/太阳辐射/通风条件/平均建筑层数/建筑密度/容积率/平均建筑层数/滨水街道界面密度/渗水铺装材料占有率
夏岩妍（2014 年）	严寒地区村镇规划方案气候适应性评价体系研究	主要道路走向/建筑高度/建筑体型/建筑布局/断面形式/河道断面形式/护坡（驳岸）控制
齐梦楠（2016 年）	北京商业步行街微气候适应性空间优化研究	建筑密度/容积率/街道高宽比/建筑高度/街道走向/建筑布局模式/水体缓冲覆盖率/下垫面材料/天空开阔度/建筑围合度/建筑色彩/屋顶绿化
Hong Jin、Teng Shao、Renlong Zhang（2017 年）	Effect of water body forms on microclimate of residential district	local microclimate regulation/tree species diversity/landscape pattern index/environmental subsystem/environmental quality/landscape naturalness/landscape visual enjoyment/overall landscape
张丛（2017 年）	城市休闲广场水体布局的微气候效应研究	街区内水体尺度/水体分散度/水体形态/水体布局
韩羽佳、李文（2019 年）	基于微气候调节的居住小区水景设计研究进展	水体布局方位/水体面积/水体类型/水体分布状态
马冰然、曾逸凡、曾维华等（2019 年）	气候变化背景下城市应对极端降水的适应性方案研究——以西宁海绵城市试点区为例	绿色屋顶/雨水花园/渗透铺装/雨水桶/植草沟/子汇水区面积/透水部分洼地蓄水深度/平均入渗速率
王世福、邓昭华（2021 年）	"城水耦合"与规划设计方法	热岛强度/不透水地表比例/生态冷源面积比/水体破碎度/水体宽度/水体深度/容积率/建筑高度/建筑密度/天空开阔度/街道高宽比/乔木覆盖郁闭度/温湿指数/人体舒适度

综上总结分析初步可得影响滨水住区适水性的因子如表 4-5 所示。

表 4-5 影响滨水住区适水性因子梳理

指标名称			指标解释
水资源高效集约利用	自然资源利用	年降水量	一年中每月降水量的平均值的总和
		人均日生活用水量	每一用水人口平均每天的生活用水量
		水体尺度与形态	指水体的规模尺寸和不同的水岸形态
		雨水资源利用率	住区内使用雨水资源循环利用系统的情况和使用的效果
	相关措施实施	建筑屋顶绿化占比	指拥有屋顶绿化的建筑与住区总建筑量的比例
		节水器具普及率	指节水器具在居民生活中的普及程度
		公共节水普及率	指节约意识强的人数与调查总人数的比值,其反映了公众的节水意识和行为水平
水生态景观修复效应	滨水景观功能性	滨水景观步行可达性	影响滨水景观的利用效能
		滨水景观视线可达性	包括平面的视线可达与一定高度的建筑视野
		滨水建筑高度组合	不同的高度组合会影响滨水景观的视线可达性,对高度的控制有利于视线廊道的生成
	滨水景观宜人性	滨水空间亲水性	亲水性会强化滨水景观的利用
		滨水界面景观渗透性	水景观界面渗透会强化景观效能利用
		水景观评价(POE)	基于使用后的景观优美度评价
水安全韧性防控	雨水排放	地表透水率	地面材料对水的渗透性
		竖向设计与坡度	竖向设计、汇水分区等
		排水管网密度	街区内部排水管网的布局密度
		排水体制	排水设施的类型和排水效能
		地表雨水口分布	一个汇水区往往对应一个排水口,排水口的数量与分布影响地表径流情况
	雨水储存	绿地率	住区绿地面积占住区总面积的比例
		绿色基础设施	住区内部海绵城市、雨洪花园等设施
		可浸区集水能力	住区内绿地、雨洪花园等可浸区的集水能力
	雨水利用	雨水处理净化设施	住区内对雨水资源的净化处理情况
		雨水资源利用程度	住区内对雨水资源的利用情况
	空间韧性	开发强度	建筑密度、容积率等空间参数
		开放空间连接度	绿地、水体、道路与广场等空间的联系
		植被配置	乔灌草不同植被类型会对雨水产生不同的阻滞作用,从而在不同程度上影响地表径流
		灾害预警、处理与灾后保障系统	住区通信、防护、运输与救护等灾害防治、应急处理设施系统

指标名称			指标解释
水气候效能适应性	生态环境状态	绿地率	住区绿地面积占住区总面积的比例
		滨水水体尺度与形态	水体的规模尺寸，直线型、弯曲型等不同的水岸形态
		住区水体布局与连通度	水体降温增湿的作用会影响街区对微气候的营造
		滨水绿地植物配置	滨水绿地植物配置会影响住区对微气候的营造
		开发强度	住区的开发强度会影响地面开放空间规模，从而影响水环境对微气候的营造
		建筑布局形式	住区的建筑布局会影响住区对微气候的营造
	空间环境状态	滨水建筑高度组合	住区滨水的建筑高度的不同组合会影响水环境对于微气候的营造
		滨水界面开放度	住区滨水界面的开放程度会影响水汽的渗透
		住区滨水距离	住区与滨水水体的关系会影响住区对微气候的营造（与水体的距离，对水体微气候利用程度等）
		建筑与主导风向夹角	建筑的长边与城市常年主导风向的夹角，风环境的变化会影响水体对住区内部空间气候的渗透

4.3.2 滨水住区适水性的 DPSIR 概念模型

适水性住区设计的研究目的是通过城市规划本身实现住区的物质空间对适水发展目标下水资源、水生态、水安全、水气候、水文化与水经济等要素的适应性，实现滨水住区乃至城市层面的适水发展的目标。DPSIR 模型可以较好地反映滨水住区与水环境的适应性关系，滨水住区建设对水域环境产生影响，水环境根据其影响展现出相应的状态并反作用于建成环境，而后建成环境对此状态作出响应以寻求可持续发展。因此本书基于 DPSIR 模型构建滨水住区适水性评价的技术体系，以保证其科学性与适用性。

考虑滨水住区适水性评价的系统性和复杂性，DPSIR 概念模型在滨水住区适水性分析评价中的应用，可以借鉴 Fassio 等用 DPSIR 体系建立的多标准决策支持系统（MDSS）中的分析思路，具体详见图 4-2。

结合上述研究，以分析思路 a 研究滨水住区适水性的 DPSIR 模型。分析滨水住区适水性的影响，首先应分析滨水住区目前的状态，再根据滨水住区目前状态的优劣，深入探究造成目前状态的原因及产生的具体影响，从而作出响应措施。研究状态必须

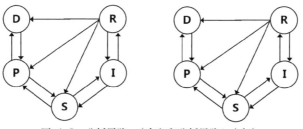

图 4-2 分析思路 a（左）和分析思路 b（右）

从驱动力和压力两个方面出发，因为驱动力和压力是形成状态的原动力，它们分别从隐式和显式两个角度作用于滨水住区的适水性，驱动力也可以被理解为隐性的压力。

可以根据分析思路 b 设计和执行滨水住区适水性的优化策略，即探究提高滨水住区适水性的条件和相应改造措施。提升滨水住区的适水性既有加强水安全、水资源利用等"治标"的方法，也有改造空间形态和排水治理等"治本"方法。R-I 的调控体现了对滨水住区的直接干预，通过更新改造后见效快但持续时间短，属于治标的手段；治本的方式是通过对驱动力和压力的因子进行调控，使得滨水住区适水性提升，其主要措施可能无法直接实施，更多地体现在政策法规和设计方法上。在滨水住区适水性评价的 D-P-S 关系分析链中，D 和 P 分别为影响滨水住区适水性的间接和直接的压力因素。同时，D 和 P 因素两者大多是住区状态 S 变化的内在动力。因而三者具有明显的因果关系，且各因子内部的因果关系不一而足。在 S-I-R 对策分析链中，也有明显的因果关系，因为滨水住区状态的不同，居民感观受到影响，从而使得居民作出响应，采取相应的调控措施。

根据上述内容，对滨水住区适水性的 DPSIR 因素进行分析，可以揭示影响滨水住区适水性因子之间的因果联系，能有效把握影响滨水住区适水性的问题的要害，从而对症下药。

结合上文的相关理念研究和国内外相关的实践情况，对滨水住区适水性的 DPSIR 因素进行界定，具体如下。

① 驱动力因素 D（drive force）：通过自然资源的现状分布和配置现状以及滨水住区建成区的空间环境现状等来间接影响滨水住区适水性的因素，主要划定为自然资源因素与空间环境因素。驱动力因素应该是影响滨水住区适水性的最原始的关键因素，

主要包括绿地率、用水量、水体形态、规划布局等。

②压力因素P（pressure）：直接施加在住区上的影响滨水住区适水性变化的因素，与驱动力因素一样是对滨水住区适水性变化产生作用的力量，不同的是驱动力因素对滨水住区适水性的变化产生作用是隐式的，而压力则是显式的。压力因素主要是与水安全、水气候、水生态等要素直接产生关联和影响的要素，包括降水的储存与利用、滨水界面的影响、住区绿地率等。

③状态因素S（state）：滨水住区在驱动力和压力的作用下一定时期内所处的状态。状态因素可定性和定量地描述资源系统的状态，在本研究中指滨水住区的适水性状态，主要分为水资源利用状态、水安全防控状态、水气候适应状态和水生态景观修复效应状态。

④影响因素I（impact）：滨水住区各状态对住区的主体——居民所产生的影响，包括居民对水景观使用的评价和影响居民日常生活的因素。

⑤响应因素R（response）：为了加强滨水住区适水性的驱动力、压力、状态和影响因素所作出的反应，主要指加强水资源管理、水安全防控等方面的政策和措施，在落实到具体住区的情况下，本因素更侧重于政策和措施的实施情况。

结合滨水住区适水性的DPSIR分析思路和因素界定，得出滨水住区适水性的DPSIR概念模型，如图4-3所示。

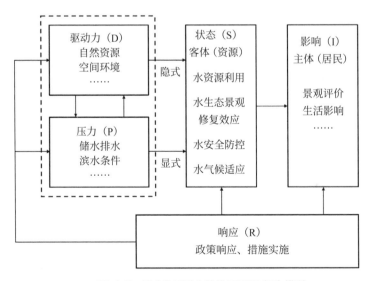

图 4-3 滨水住区适水性的 DPSIR 概念模型

4.3.3 DPSIR 模型因素分析与解释

以滨水住区适水性的 DPSIR 概念模型为指导框架，结合上述适水相关因子的选取与国内外相关实践的情况，详细分析其驱动力、压力、状态、影响及响应五个子系统因素。

1. 驱动力因素分析与解释

驱动力是指因外在压力作用于接受主体而产生的一种动力。它是隐式地强加给接受主体的一种力量，迫使接受主体不得不接受一定意识形态的影响，具有一定的强制性。根据前面对滨水住区适水性驱动力因素的界定，主要指自然的资源状况和空间环境的开发状况，二者间接地驱动着滨水住区适水性的变化。这些因素一般是现实存在的，且已经形成不易修改的因素，是适水性的前提条件，但是不直接作用于适水性的变化。具体的驱动力因素包括绿地率、人均日生活用水量、水体尺度与形态、住区水体布局与连通度、开发强度、建筑布局形式、滨水建筑高度组合等，分为自然资源状况和空间环境状况两个方面。

（1）自然资源状况

绿地率： 主要指住区绿化率，为居住区用地范围内各类绿地面积的总和与居住区用地总面积的比率，此处所指绿地包含景观水面。

人均日生活用水量： 每一用水人口平均每天的生活用水量。本定义中的水是指使用公共供水设施或自建供水设施供水的，城市居民家庭日常生活使用的自来水。

计算公式： $人均日生活用水量 = \dfrac{报告期生活用水总量_{(单位：立方米)}}{报告期用水人数 \times 报告期日历天数} \times 1000$

单位为升／（人・天）。

水体尺度与形态： 主要指水体的规模尺寸，直线型、弯曲型等不同的水岸形态。

住区水体布局与连通度： 主要指滨水住区所濒临的水体的布局形态和在住区范围内水体的连通程度。

（2）空间环境状况

开发强度： 一般指建设空间占区域总空间的比例，因为本研究范围为居住区内，所以只考虑根据理想模型计算的容积率、密度等空间参数，用于评估住区与理想模型的接近程度。

建筑布局形式：居住区内住宅建筑的布局和空间结构，包括行列式、周边式、混合式、自由式、散点式等布局形态。

滨水建筑高度组合：滨水建筑的高度逐级递减或逐级递增的程度变化。

2.压力因素分析与解释

压力指对驱动的作用方法失败后，自身产生的变化。例如，当驱动因素（如人口增加）导致住区对水资源的需求增加时，若处理不当，就会在住区内形成压力，这种压力可能表现在水污染增加或水生态系统的破坏上。根据前面对滨水住区适水性压力因素的界定，它是指直接施加在住区上的影响滨水住区适水性变化的因素。其主要包括对住区水资源、水安全、水气候和水生态景观造成影响的因子或者现状因子，其数值或者形式的变化会直接造成适水性程度的变化。主要包含雨水储存与排放和空间环境影响两个方面，具体包括地表不透水率、竖向设计与坡度、植被配置、地表雨水口分布、滨水界面开放度、住区滨水距离、建筑与主导风向夹角等因素。

（1）雨水储存与排放

地表不透水率：指水泥沥青、硬质铺装等不透水地面面积与住区总体面积的比例。

竖向设计与坡度：包含地形设计，路、桥、广场和其他铺装场地设计，排水设计和综合管道设计等；本书主要指竖向设计、排水设计与邻近水体之间的关系。

植被配置：指住区内植物乔灌草的配置情况，主要分析对雨水阻滞效果好的冠层植物的比例。

地表雨水口分布：指地表雨水口在住区内的分布情况，一般为雨水口数量与住区面积的比例。

（2）空间环境影响

滨水界面开放度：指在住区内直接看到水面的界面长度与滨水总界面长度的比值，一般指开放界面和架空建筑长度与滨水界面总长度的比值。

住区滨水距离：指住区邻水界面与水体岸线的距离。

建筑与主导风向夹角：主要指建筑长边与城市常年主导风向的夹角。

3. 状态因素分析与解释

根据前文叙述，滨水住区适水性的状态因素主要指在驱动力和压力的作用下，一定时期滨水住区所处的状态，其可以定性和定量地描述资源系统的状态，包括水资源开发状态、水安全防控状态、水气候适应状态和水景观功能状态四个方面。具体包括雨水处理净化设施、雨水资源利用程度、排水体制与冗余度、可浸区集水能力、绿色基础设施分布、开放空间连接度、滨水绿地植物配置、人体舒适度、滨水景观步行可达性和滨水景观视线可达性等因素。

（1）水资源开发状态

雨水处理净化设施：主要指住区内使用雨水处理净化设施的情况和使用效果效率。

雨水资源利用程度：主要指住区内使用雨水资源循环利用系统的情况和使用的效果。

（2）水安全防控状态

排水体制与冗余度：指污水（生活污水、工业废水、雨水等）的收集、输送和处置的系统方式。本书主要指雨污分流、雨污合流、评价排水体制与排水管径。

可浸区集水能力：本书主要指下沉绿地、水面、植草沟等可浸区的集水能力和水体规模。

绿色基础设施分布：指雨水花园、植草沟等绿色基础设施的数量、分布与面积。

（3）水气候适应状态

开放空间连接度：连接度也称为连通性，指广场、绿地等开放空间的连通程度。

滨水绿地植物配置：指住区近水区的绿地植被配置情况，不同植物配置对水环境、水气候的影响不同。

人体舒适度：人体舒适度指数（comfort index of human body）是日常生活中较为常用的表征人体舒适度的方法，主要取决于温湿指数与风效指数两个指标。

（4）水景观功能状态

滨水景观步行可达性：指居民到达滨水景观的难易程度，一般用空间距离、时间距离或成本距离衡量，体现其真实可达性，反映滨水景观布置的合理性。

滨水景观视线可达性：指水景观的视线可达性，一般为视线可达范围与测试节点数量的比值。

4.影响因素分析与解释

根据前文叙述，滨水住区适水性的影响因素指滨水住区各状态对住区的主体——居民所产生的影响，反映了居民在日常生活等方面的状况。包括滨水景观评价和生活使用评价两个方面，具体包括滨水空间亲水性、滨水界面景观渗透性、水景观居民满意度、建筑屋顶绿化占比和路面积水情况等因素。

（1）滨水景观评价

滨水空间亲水性：一般指滨水空间的亲水平台数量与可容纳人数。

滨水界面景观渗透性：指通过打破建筑与景观之间以及室内与室外之间的界限，将滨水景观元素渗透到建筑形体与空间中去，使得场所体验和视觉体验具有连续性。

水景观居民满意度：基于使用者评价的方法，调查居民对水体景观使用的主观满意度评价。

（2）生活使用评价

建筑屋顶绿化占比：指拥有屋顶绿化的建筑的屋顶绿化面积与住区建筑屋顶总面积的比例。

路面积水情况：指在大雨或暴雨天气下，调查住区居民对路面积水情况的主观评价。

5.响应因素分析与解释

根据前述，滨水住区适水性的响应因素指为了加强滨水住区适水性的驱动力、压力、状态和影响因素所作出的反应，侧重于水资源利用和水安全防控方面的政策措施的实施情况。但政策影响带有很大的不确定性和主观性，很多时候其影响程度难以客观量化，本研究尝试通过合理的量化方式对其进行量化分析。包括灾害预警、处理与灾后保障系统，节水器具普及率和公共节水普及率等因素。

灾害预警、处理与灾后保障系统：包括智能服务设施、警报设施、通信设施、抢救设施等生命线系统的数量与分布。

节水器具普及率：节水器具在居民生活中的普及程度，本书指家中使用节水器具的家庭数与总家庭数的比值。

公共节水普及率：节约意识强的人数与调查总人数的比值，其反映了公众的节水意识和行为水平。

4.3.4 基于 DPSIR 模型的指标选取

本书根据筛选原则去除初选指标中的重复项和难操作项，对相关性较小或者与住区层面关系不大的指标进行舍弃处理，并听取专家建议：所选指标应相对纯粹，最好只涵盖住区空间环境和水环境，不涉及经济社会类指标。同时结合寒冷地区的气候特征和实际情况，考虑对指标的定性和定量标准化处理，对内容作出调整和添加关键项，最终得到基于 DPSIR 模型的滨水住区适水性评价指标库（表 4-6）。

表 4-6　基于 DPSIR 模型的滨水住区适水性评价指标库

目标层 A	准则层 B	要素层 C	指标层 D
A 基于 DPSIR 模型的滨水住区适水性评价	B1 驱动力因素	C11 自然资源状况	D111 绿地率
			D112 水体尺度与形态
			D113 住区水体布局与连通度
		C12 空间环境状况	D121 开发强度
			D122 建筑布局形式
			D123 滨水建筑高度组合
	B2 压力因素	C21 雨水储存与排放	D211 地表不透水率
			D212 竖向设计与坡度
			D213 植被配置
			D214 地表雨水口分布
		C22 空间环境影响	D221 滨水界面开放度
			D222 住区滨水距离
			D223 建筑与主导风向夹角
	B3 状态因素	C31 水资源开发状态	D311 雨水处理净化设施
			D312 雨水资源利用程度
		C32 水安全防控状态	D321 排水体制与冗余度
			D322 可浸式集水能力
			D323 绿色基础设施分布
		C33 水气候适应状态	D331 开放空间连接度
			D332 滨水绿地植物配置
			D333 人体舒适度
		C34 水景观功能状态	D341 滨水景观步行可达性
			D342 滨水景观视线可达性
	B4 影响因素	C41 滨水景观评价	D411 滨水空间亲水性
			D412 滨水界面景观渗透性
			D413 水景观居民满意度
		C42 生活使用评价	D421 建筑屋顶绿化占比
			D422 路面积水情况
	B5 响应因素	C51 政策措施实施	D511 灾害预警、处理与灾后保障系统
			D512 节水器具普及率
			D513 公共节水普及率

4.4 基于 DPSIR 模型的寒冷地区滨水住区
适水性评价方法研究

4.4.1 DPSIR 模型下寒冷地区滨水住区适水性评价指标体系构建

1. 评价体系构建路线

根据前文提出的适水性住区的内涵、特征、设计原则以及研究内容，综合滨水住区本身的生态环境要素、空间环境要素的研究内容，以及适水性的目标要求，通过耦合分析，可以得出滨水住区适水性的评价指标体系的构建路线，具体构建路径如下。

① 以寒冷地区滨水住区的适水性为研究对象，根据水资源集约利用、水生态景观修复效应、水安全韧性防控和水气候适应性四个方面以及住区空间本体构成要素总结其特点与关系的指标，查阅相关的文献，统计出提及度相对较高的指标，并咨询水环境领域和城市规划领域相关学者，对指标进行调整和完善。筛选出初步的因子库，得到相对科学客观的住区适水性影响指标集合。

② 基于理论分析法和频度统计法对滨水住区空间构成要素和适水性相关评价指标因子进行统计整合，再根据驱动力、压力、状态、影响、响应内涵对指标进行分类与删减，构建滨水住区适水性的 DPSIR 概念模型，最终通过专家咨询确定 DPSIR 模型的初选指标。

③ 针对前两步研究得到的指标体系，进行指标的权重与赋值的研究与分析。主要结合层次分析法，对寒冷地区滨水住区的适水性指标进行权重赋值，分别对子目标层的权重、准则层的权重以及指标层的权重进行分析，探究适水性因子的重要程度与主要内容，并分析原因，以此来指导住区的适水性优化策略。

④ 根据寒冷地区滨水住区适水性的 DPSIR 指标评价体系，针对复杂指标进行指标要素作用机理的研究。通过 SWMM 和 ENVI-met 等相关模拟软件，结合控制变量法的研究方法，进行指标的作用机理探究，以期形成相对明确的空间形态参数。基于指标体系与作用机理，选取并评价天津市的三个典型滨水住区，研究其适水性程度，最后进行综合评定，研究不同滨水住区的适水性结果产生的原因与相应的优化提升策略。

⑤ 综合分析滨水住区的适水性问题，依据指标体系，提出具有针对性的寒冷地区滨水住区适水性优化策略，其中主要包括建筑布局、空间结构、景观系统、工程系统等物质要素，并在各个物质要素的层面对应指标体系的内容，形成城水耦合发展、水环境规划、住区空间规划设计和实施管理建议四个维度的优化策略。

2. 指标评价层次构建

根据不同维度下的多重目标分析，结合滨水住区的空间构成要素分析，可以得出城市滨水住区适水性的影响评价指标体系由目标层、准则层、要素层和指标层四个部分构成。

目标层：滨水住区的适水性提升是其规划研究评价的总目标，根据住区适水性DPSIR 概念模型，梳理模型内部的因果关系，从驱动力、压力、状态、影响和响应五个方面进行进一步分析，而且这五个方面也作为适水性总目标下一步的分准则。

准则层：从五个维度反映滨水住区适水性的不同方面，各准则之间侧重点不同，从产生的原因到目前所处的状态，再到产生的影响和对此作出的响应，各因素共同形成完整的因果关系。因此各自的准则层条目也不同，对应下一层的各个要素。

要素层：要素是对不同准则下滨水住区适水性的大体区分，将影响滨水住区适水性的五个维度进行具体的分类划分，划分出侧重点不同的空间要素。对要素层的梳理和分析，可以为提升滨水住区整体适水性提供思路方向和策略目标。

指标层：指标是最能体现空间和生态要素具体内容的一部分，属于要素层下面的空间细分因子，更加侧重滨水住区层面的物质要素，属于层次结构的最底层，具有直接的指导实施与优化的作用。评价指标的确定应该结合滨水住区的空间要素与水环境的关联性分析进行。

根据前文指标体系层次的论述和滨水住区适水性评价指标库的梳理，最终确定DPSIR 模型下的城市滨水住区适水性评价体系（图 4-4）。

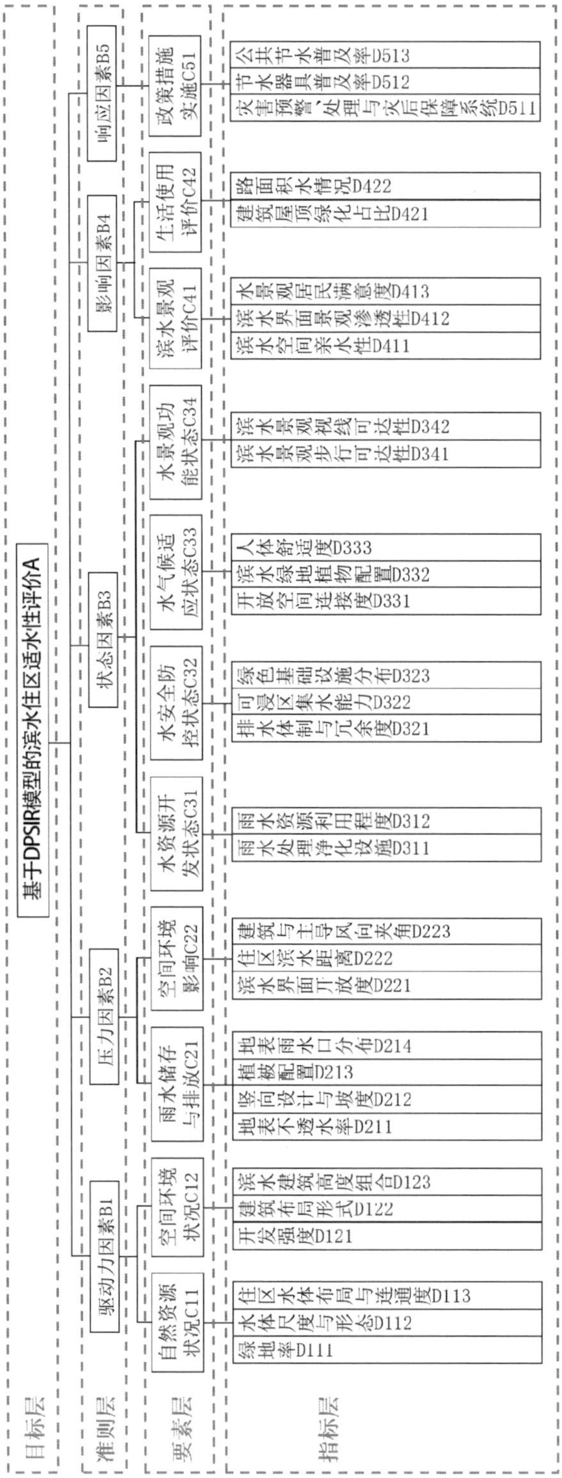

图 4-4　城市滨水住区适水性评价体系层次结构图

目标层　基于DPSIR模型的滨水住区适水性评价A

准则层

要素层

指标层

准则层	要素层	指标层
驱动力因素B1	自然资源状况C11	绿地率D111
		水体尺度与形态D112
		住区水体布局与连通度D113
	空间环境状况C12	开发强度D121
		建筑布局形式D122
		滨水建筑高度组合D123
压力因素B2	雨水储存与排放C21	地表不透水率D211
		竖向设计与坡度D212
		植被配置D213
		地表雨水口分布D214
	空间环境影响C22	滨水界面开放度D221
		住区滨水距离D222
		建筑与主导风向夹角D223
状态因素B3	水资源开发状态C31	雨水处理净化设施D311
		雨水资源利用程度D312
	水安全防控状态C32	排水体制与冗余度D321
		可景体集能力D322
		绿色基础设施分布D323
	水气候适应状态C33	开放空间连接度D331
		滨水绿地植物配置D332
		人体舒适度D333
	水景观状态C34	滨水景观步行可达性D341
		滨水景观视线可达性D342
影响因素B4	滨水景观评价C41	滨水空间亲水性D411
		滨水界面景观渗透性D412
		水景观居民满意度D413
	生活使用评价C42	建筑屋顶绿化占比D421
		路面积水情况D422
响应因素B5	政策措施实施C51	灾害预警处理与灾后保障系统D511
		节水器具普及率D512
		公共节水普及率D513

3. 指标权重的确定与分析

（1）层次分析法介绍

美国运筹学家萨蒂（T. L. Saaty）提出的层次分析法（analytical hierarchy process，简称 AHP），是系统工程中对非定量事件进行定量分析处理的一种有效方法，是主观确定权重的基本方法之一，广泛应用于决策研究中。AHP 法从反映系统不同特性的侧面入手，通过对系统的认识将影响系统特性的各个子系统、子项目按照层次关系进行排列，通过对影响子系统、子项目的指标进行分解，得到整个系统的指标体系。AHP 法的关键步骤之一是构造满足一致性的判断矩阵，它是确定权重的基础。通过人的主观判断，利用标度理论将各层因素的重要性进行客观量化，进而通过构造判断矩阵得到各层因素的相对权重。再通过一致性检验，最终确定体系的权重，从而进行应用（图 4-5）。

首先根据所选定评价目标，按照层次关系，推导影响系统特性的各个子系统、子项目，建立起由目标层、子目标层、准则层、子准则层、指标层构成的能够体现系统内在关系、从上至下的层次结构，其中目标层和准则层可根据情况设置多层。目标层是层次结构中的最高层，是评价体系的核心，一切的评价指标都要围绕评价目标开展和设计。准则层是对评价目标的评价准则，反映评价目标的不同特征属性，关系到评价体系能否准确反映目标价值。指标层是对准则层的具体化，选取的指标内容应该具备可行性和客观性。

（2）建立层次结构模型

根据要解决的复杂的、综合的问题的性质，确定要达到的总目标层；根据各因素之间的相互关系、隶属关系，分为中间层、指标层。总目标层多为要解决的问题，指标层多为切实可操作的可选方案或者指标数据，中间层多为方案决策的准则（图 4-6）。

（3）构造判断矩阵

对于确定层次分析法中的各因素权重来说，只是单纯地定性结果，并不能达到计算总目标的目的。因此萨蒂提出一致矩阵法，并不是将所有因素进行综合比较，而是进行两两比较，尽可能地减少复杂因素的影响，从而提高准确度。在同一准则下，用比较值 a_{ij} 表示要素 i 与要素 j 的相对重要性，a_{ij} 通常取 1~9 的整数值或者倒数值（表 4-7）。

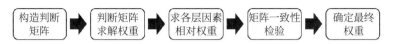

图 4-5　AHP 法构建评价体系一般过程

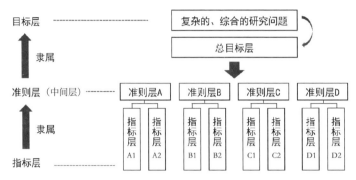

图 4-6　层次分析法体系层次结构示意图

表 4-7　要素比较重要程度分度表

重要程度	同等重要	稍微重要	比较重要	十分重要	绝对重要	判断中间值
量化值	1	3	5	7	9	2、4、6、8

在 AHP 软件中，要首先构建评价的层次结构，形成目标层、子目标层、准则层及指标层，并分别对各个层次的内容进行编码，子目标层按照 A、B、C 的编码分为三类，各个子目标类别下面的准则层根据每个对应的子目标层进行数字区分，在对应的类别字母之后添加数字，例如 A1、A2、A3、A4……以此类推。下一步，需要针对每两个层次构造判断矩阵，本研究中总体的目标层为"基于 DPSIR 模型的滨水住区适水性评价"，准则层为驱动力因素、压力因素、状态因素、影响因素和响应因素，要素层细数划分补充，而方案层为数量最多的指标层。

两两比较能较大地提高计算的准确度，在对 n 个因素进行比较时，有人认为进行 $n-1$ 次比较即可，但这样的缺点就是一次比较、一次两两位置判断的失误都会带来不合理的结果，本书认为进行 $n(n-1)/2$ 次成对比较能够较为全面地提供数据，减少判断失误的可能性。

$$A = \begin{vmatrix} M_1/M_1 & M_1/M_2 & M_1/M_3 & \cdots & M_1/M_n \\ M_2/M_1 & M_2/M_2 & M_2/M_3 & \cdots & M_2/M_n \\ M_3/M_1 & M_3/M_2 & M_3/M_3 & \cdots & M_3/M_n \\ \vdots & & & & \vdots \\ M_n/M_1 & M_n/M_2 & M_n/M_3 & \cdots & M_n/M_n \end{vmatrix} = (a_{ij})_{n \times n}$$

由 a_{ij} 构成的矩阵成为比较判断矩阵 A，其具有以下特点：

（i） $a_{ij}=1/a_{ji}$　　$i,j=1, 2, 3, \cdots, n$；

（ii） $a_{ii}=1$　　$i,j=1, 2, 3, \cdots, n$；

（iii） $a_{ik} \cdot a_{ki} = a_{ij}$　　$i, j, k=1, 2, 3, \cdots, n$（矩阵中 a_{ij} 必须具有传递性）。

在判断矩阵构建完成后，需要进行层次单排序和一致性检验，一般采用 CI 进行一致性判断，CI<0.1 即为满足一致性检验，否则需要适当地修正判断矩阵。当判断矩阵过于复杂时，即矩阵阶数大于 2 时，需要引入 CR，当 CR<0.1 时，一致性检验通过，否则需要适当地修正判断矩阵。CI、CR 计算方法见下面公式。

$$CI = \frac{\lambda_{max}-n}{n-1}$$

$$CR = \frac{CI}{RI}$$

式中，λ_{max} 为判断矩阵最大特征根；RI 为判断矩阵平均随机一致性指标，该指标通过查表的方式获得。

在判断矩阵通过一致性检验后，计算得到各指标权重。本研究将通过 yaahp 软件对各指标进行主观权重计算。

（4）专家调查表制定与发放

将 yaahp 中的相关评价体系内容导出，形成多个评价判断矩阵，整理后形成评价打分表格，向不同行业的专家发放问卷，以便专家进行两两对比的分析，分别在子目标层、准则层、要素层、指标层判断各个条目的重要程度排序，按照两两对比，绝对重要 9/1、十分重要 7/1、比较重要 5/1、稍微重要 3/1、同样重要 1/1 的规则进行打分，待专家打分后收集问卷，进行资料的汇总分析，进而在 yaahp 系统中计算各个条目的具体权重。

（5）层次单排序及其一致性检验

由于判断者的判断具有一定的复杂性与偶然性，对判断结果要求完全一致并不现实，因此要求大体上一致。为排除极不合理的判断，获得更为准确的结果，一致性检验是 AHP 中十分必要的过程。将资料进行汇总分析，在 yaahp 软件中进行一致性检验，对于一致性检验未通过的进行调整或者舍弃，最后根据不同专家判断出的重要程度进行评价结果的权重赋值，通过 yaahp 群决策计算的方式，最终确定各项指标权重，指标权重值代表了专家对于适水性目标导向下空间要素影响性重要程度的排序。

4.4.2　指标要素的评价方法与作用机理

上文明确了具体的指标与权重，本小节将进一步探究不同指标的评价方法以及复杂的作用机理。在权重较大的指标中，一般简单且易于理解的指标可结合相关文献进行说明。住区水体布局、水体尺度与形态等较复杂的指标，应进行相应的实验模拟验证，探究其对不同适水子目标的影响情况，尝试找寻最佳理想模型。状态因素中水生态景观修复效应子目标主要采用 GIS 三维纺锤视线分析以及可达性分析等技术手段进行探究，水安全部分子目标主要借助 SWMM 软件进行模拟分析，水气候适应性子目标主要采取定性分析与 ENVI-met 定量模拟相结合的方式进行研究，以较为科学地探究各个指标的适水作用机理，为进一步的模拟评价与住区空间优化模式提供理论与技术基础（图 4-7）。

1. 指标模拟软件选取

（1）SWMM 雨洪安全模拟软件

SWMM（storm water management model，暴雨洪水管理模型）是一个动态的降水-径流模拟模型，主要用于模拟城市某一单一降水事件或长期的水量和水质。其径流模块部分综合处理各子流域所发生的降水、径流和污染负荷。其汇流模块部分则通过管网、渠道、蓄水和处理设施、水泵、调节闸等进行水量输送。该模型可以跟踪模

3S技术	SWMM技术	微气候模拟技术
· 基于遥感的地表温度反演：单窗算法 · 空间增长模拟：CLUE-S模型	· 基于SWMM模型的低影响策略效果检验 · 基于SWMM模型的雨洪韧性提升	· 三维城市模型指标分析 · PHOENICS软件在住区风环境模拟中的应用 · ENVI-met软件在住区微气候模拟中的应用

图 4-7 多样化指标模拟软件

拟不同时间步长任意时刻每个子流域所产生径流的水质和水量，以及每个管道和河道中水的流量、水深及水质等情况。SWMM 自 1971 年开发以来，已经经历过多次升级，在世界范围内广泛应用于城市地区的暴雨洪水、合流式下水道、排污管道以及其他排水系统的规划、分析和设计，在其他非城市区域也有广泛的应用。本书主要对研究区输入的数据进行编辑，模拟水文、水力、地表径流情况。

（2）ENVI-met 微气候模拟软件

城市微气候数值模拟软件 ENVI-met 是一个三维微气候模拟软件，该软件的理论基础有流体力学、热力学及城市气象学相关理论。该工具可以通过模拟地面、植被、建筑以及大气之间的相互作用过程，输出空气温度、湿度、风速、风向、平均辐射温度等气象参数，从而实现对城市微气候的影响因子进行整体的数值模拟。ENVI-met 具有较高的空间分辨率：水平向 0.5~10 m 的空间解析度和步长 10 s 的时间尺度，从而方便对小尺度的城市微气候环境进行研究。ENVI-met 整个建模环境包括主模型（包括大气、植物、建筑、土壤）和边界模型两种，主模型为三维模型，为了保证模拟区域的准确性和稳定性，三维模型区域内按矩形网格划分，水平方向为等距网格，竖直方向有四种不同的网格分布，近地面层为小间距网格，可以比较精细地模拟各种换热过程，上部采用大间距网格，模拟过程较迅速。ENVI-met 建模板块涉及多个模型体系，包括建筑模型、地面材质、植物、污染源，能够对复杂的城市结构进行详细解析。对建筑模型的处理，可以根据研究需要设置大量与实际城市相符的拥有复杂几何特征的建筑。地面种类有柏油路、土壤、水体等不同选择。数据模型设置板块则需要设置文件路径、模拟的时间、温度、湿度、风速等气象条件以及边界入流形式等。

使用 ENVI-met（图 4-8）进行模拟分析的流程：首先进行实地测量设计，根据研究需求，选择合适地点、合理设计实验步骤及所需数据等；然后进行实地测量，使用微型气象站设备进行所需物理环境参数测量，并收集、处理数据；进而进行验证软件适用性分析，在软件中使用相同的参数设定和地点，验证软件的可靠性；接着利用软件模拟不同方案，在软件中设置不同物质空间的布局方案，比较其优劣，量化空间的高温适应性程度；最后分析模拟结果，以及各个影响要素的作用模式与机理，通过模拟结果的统计分析，利用栅格数据计算等方法，总结规律，得出结论。

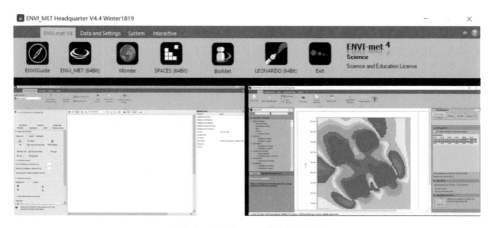

图 4-8　ENVI-met 软件运行界面

（3）GIS 三维纺锤视线分析

本书在水生态景观修复方面，采用 GIS 三维纺锤视线分析与空间的可达性分析，结合空间句法的相关理念，进行步行可达以及视线、视域的研究，通过三维纺锤视线分析，研究较为合理的住区建筑高度控制与开发强度。视点分析，主要是通过对滨水空间内部视点的选取，研究滨水良好视点的视线可达性，称之为点与点之间的通视性，属于地形处理研究的范畴。视域分析则是通过观察视点的确定，研究街区内部能够看到该视点的区域范围的面域合集，称之为可视域。三维纺锤视线模型如图 4-9 所示。

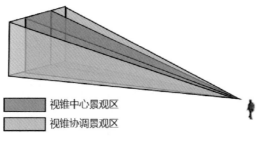

图 4-9　三维纺锤视线模型示意图

2. 适水性指标具体评价方法

本书适水性指标可分为定性指标和定量指标两种，其中定性指标包括 D112 水体尺度与形态、D113 住区水体布局与连通度、D122 建筑布局形式、D123 滨水建筑高度组合等较难量化的指标；定量指标包括 D111 绿地率、D121 开发强度、D211 地表不透水率、D213 植被配置、D214 地表雨水口分布、D222 住区滨水距离等可用于计算且可量化的指标。定性指标根据文字描述进行等级区间的划分，根据现状住区的符合程度，进行主观判定与打分；定量指标通过相关公式与计算方法进行运算（见表 4-8），根据相关评价标准，给定合理阈值区间，从而进行定量评价，最终形成主客观相结合的评价方法体系。

表 4-8　滨水住区适水性指标评价方法

准则层 B	指标层 D	定性●	定量▲	评价方法（测定方法）
B1 驱动力因素	D111 绿地率		▲	根据测绘资料与调研数据，求得住区绿地率，包含景观用水面积。 $$住区绿地率 = \frac{住区各类绿地面积总和}{住区用地面积} \times 100\%$$
	D112 水体尺度与形态	●		将实地调研与卫星图像的方法相结合，观察记录水体规模尺度与形态，分析水体与理想模型的接近程度
	D113 住区水体布局与连通度	●		通过调研观察，评估住区内部水环境与外部水体的连通情况，内部水体的分散度与连通程度
	D121 开发强度		▲	由于住区存在最小日照间距要求，遂本书所指开发强度主要考虑建筑密度的影响。 $$开发强度 = \frac{所有建筑基底面积}{规划建设用地面积} \times 100\%$$

准则层 B	指标层 D	定性●	定量▲	评价方法（测定方法）
B1 驱动力因素	D122 建筑布局形式	●		结合卫星图像分析住区整体布局与邻近水体的关系，并与理想模型进行比对，分析住区与理想模型的接近程度
	D123 滨水建筑高度组合	●		指建筑逐级递减的程度，通过实地调研与测绘数据资料等，评估住区建筑高度组合与理想模型的接近程度
B2 压力因素	D211 地表不透水率		▲	本研究主要指硬质铺装等不透水面积与住区总体面积的比值。 $$地表不透水率 = \frac{不透水地面面积}{住区总体面积} \times 100\%$$
	D212 竖向设计与坡度	●		描述竖向设计、排水设计与邻近水体的关系，以及水体的利用效率
	D213 植被配置		▲	描述评估住区的植物乔灌草的配置情况，分析对雨水阻滞效果好的冠层植物的比例
	D214 地表雨水口分布		▲	通过观察法，计算雨水口数量与住区面积比例
	D221 滨水界面开放度		▲	根据测绘资料与调研数据，求得街区滨水界面的开放度。 $$滨水界面开放度 = \frac{开放界面长度 + 架空建筑长度}{滨水界面总长度} \times 100\%$$
	D222 住区滨水距离		▲	采用实地调研与卫星图像相结合的方式，评估住区与水体岸线的距离
	D223 建筑与主导风向夹角		▲	根据测绘资料与调研数据，计算建筑长边与城市主导风向的夹角
B3 状态因素	D311 雨水处理净化设施	●		通过实地调查研究，查看雨水资源净化处理设施的情况
	D312 雨水资源利用程度	●		通过实地调查，查看雨水资源循环利用系统的实施情况
	D321 排水体制与冗余度	●		通过调研走访获取数据，主要指雨污分流、雨污合流，用于评价排水体制与排水管径
	D322 可浸区集水能力	●		通过调研法，评估下沉绿地、水面、植草沟等可浸区的集水水体规模
	D323 绿色基础设施分布	●		统计雨水花园、植草沟等绿色基础设施的数量、分布与面积
	D331 开放空间连接度	●		将现场调研与卫星平面相结合，观察记录街区广场、绿地等开放空间的连通程度
	D332 滨水绿地植物配置	●		通过调研观察，评估街区近水区的绿地植被配置情况
	D333 人体舒适度		▲	通过调研和建模模拟，得到温湿指数和风效指数，分析人体舒适度

准则层 B	指标层 D	定性●	定量▲	评价方法（测定方法）
B3 状态因素	D341 滨水景观步行可达性	●		通过 GIS 水环境分析和空间叠加，计算滨水 500 米之内的覆盖与水景观影响范围及程度
	D342 滨水景观视线可达性		▲	通过拍照观察、卫星图像分析等方法，分析水景观的视线可达范围比例。滨水景观视线可达性公式： $$滨水景观视线可达性 = \sum_{i=1}^{n} \frac{视线可达范围 \times 水景观可达点位}{n} \times 100\%$$ （n 为测试节点数）
B4 影响因素	D411 滨水空间亲水性	●		通过观察法与现状调研等分析滨水空间的亲水平台数量与可容纳的人数
	D412 滨水界面景观渗透性		▲	根据测绘资料与调研数据，求得街区滨水界面的景观渗透性。滨水界面景观渗透性公式： $$滨水界面景观渗透性 = \sum_{i=1}^{n} \frac{（开放界面长度+架空建筑长度）/滨水界面总长度}{n} \times 100\%$$
	D413 水景观居民满意度	●		基于使用后评价（POE）的方法，通过问卷调查居民对水体景观的主观评价
	D421 建筑屋顶绿化占比		▲	通过拍照观察、卫星图像分析等方法，计算有屋顶绿化的建筑面积占比。 $$建筑屋顶绿化占比 = \frac{屋顶绿化面积}{屋顶总面积} \times 100\%$$
	D422 路面积水情况		▲	通过调研走访、发放问卷、软件模拟等方法分析住区内路面积水情况
B5 响应因素	D511 灾害预警、处理与灾后保障系统	●		通过调研走访，观察记录包括智能服务设施、警报设施、通信设施、抢救设施等住区生命线系统的数量与分布
	D512 节水器具普及率	●		通过调研走访、发放问卷等方法分析住区内节水器具的普及情况
	D513 公共节水普及率	●		通过调研走访、发放问卷等方法分析住区内对居民的公共节水理念宣传的普及率和效果

4.4.3 寒冷地区滨水住区适水性评价标准与流程

1.模糊综合评价法

1965 年，美国控制论学者查德提出模糊集合理论这一定量的科学评价方法。在充分考虑和最小化评价基本因素的前提下，采用模糊数学方法进行推导和计算，将不同权重的专家成绩总结成一个综合评判值，形成一个综合性判断，然后对评价对象进行优劣等级区分。

依据评价等级值域 S 确定城市滨水住区的适水性等级。假设评价等级有 n 个，则 $S=(s_1, s_2, \cdots, s_n)$。假设有 m 个评价因素，则评价因素值域可以表示为 $R=(r_1, r_2, \cdots, r_m)$。整理评价等级值域 S 和评价因素值域 R，建立模糊评价矩阵 U：

$$
U=
\begin{array}{c|ccccc}
R_1 & U_{11} & U_{12} & U_{13} & \cdots & U_{1n} \\
R_2 & U_{21} & U_{22} & U_{23} & \cdots & U_{2n} \\
\vdots & \vdots & & & & \vdots \\
R_m & U_{n1} & U_{n2} & U_{n3} & \cdots & U_{nn}
\end{array}
= (U)_{m \times n}
$$

最后，将模糊评价矩阵乘以每个指标的权重，得出的计算结果即是住区适水性的评价等级。

2.评价标准确定

为了统一各个指标的原始数据量纲，采用赋分的方式对评价体系中的 31 个三级指标进行打分，根据其不同的表现和影响程度，制定各个指标的评分标准。将大部分指标分为四个等级，根据不同的等级分别赋分 0~3 分，0 分最小，3 分为满分（表 4-9）。

表 4-9　指标评价标准说明

指标层 D	指标描述	评分说明
D111 绿地率	住区内应按照规范满足一定绿地率，同时绿地率越高，住区内空间环境质量越高，对住区适水性产生积极影响	3 分：绿地率＞40% 2 分：30%＜绿地率≤40% 1 分：20%＜绿地率≤30% 0 分：绿地率≤20%
D112 水体尺度与形态	水体形态变化会对住区内部气候产生影响，具体形态应结合理想模型实验进行判断	3 分：内凸型水体布局 2 分：直线型水体布局 1 分：外凸型水体布局

指标层 D	指标描述	评分说明
D113 住区水体布局与连通度	住区内水体分散度越高且连通度越高，与外界水体相连，对住区内部气候条件和景观条件越产生有利的影响	3 分：住区内部水体布局分散且连通 2 分：住区内部水体集中但不连通 1 分：住区内部有零散水体 0 分：住区内部无水体
D121 开发强度	滨水住区需留出空间给绿地和公共空间来满足水气候和水生态的需求，同时要保证居住区本身的规划要求	3 分：15% <开发强度≤ 25% 2 分：开发强度≤ 15% 1 分：25% <开发强度≤ 35% 0 分：开发强度> 35%
D122 建筑布局形式	不同建筑布局形式影响水体对住区内部的渗透作用，水体对住区内部空间的温度、湿度都有影响	3 分：点群式布局 2 分：围合式布局 1 分：行列式布局 （混合式布局根据混合类型进行具体判断）
D123 滨水建筑高度组合	建筑高度向水面逐级递减的建筑高度布局形式可以更好地利用风环境带来的水汽和降温效果，反之则无法充分利用	3 分：向水面逐级递减 2 分：建筑高度基本齐平 1 分：向水面逐级递增
D211 地表不透水率	根据美国 10% 原则划定，地表不透水率越高越不利于水环境的循环利用	3 分：地表不透水率≤ 10% 2 分：10% <地表不透水率≤ 30% 1 分：30% <地表不透水率≤ 50% 0 分：地表不透水率> 50%
D212 竖向设计与坡度	住区的竖向设计应以地表水结构为主，与住区的雨水系统和中水系统相结合，形成场地完整的水系	3 分：综合评价很好 2 分：综合评价较好 1 分：综合评价一般 0 分：综合评价差
D213 植被配置	植被结构通常由乔灌草比例反映，不同植物对住区内部环境造成的影响不同，本研究选用乔草比来反映不同植物配置情况	3 分：植被配置乔草比> 0.8 2 分：0.5 <植被配置乔草比≤ 0.8 1 分：0.2 <植被配置乔草比≤ 0.5 0 分：植被配置乔草比≤ 0.2
D214 地表雨水口分布	住区雨水口的分布会影响住区排水效率与能力，间距宜为 25~50 m，分布合理且设施完好可以减少雨天路面积水	3 分：分布合理且设施完善 1 分：分布合理但设施老化 0 分：分布不合理且设施老化
D221 滨水界面开放度	滨水界面的开发程度对水气候的利用程度有影响，开放程度越高，水体对于住区的降温增湿效果越好	3 分：滨水界面开放度良好 2 分：滨水界面开放度一般 1 分：滨水界面较为封闭
D222 住区滨水距离	根据研究住区与水体的距离在 50 m 之内水体的冷岛效应运用最佳，大于 100 m 时影响将下降	3 分：住区与水体距离≤ 30 m 2 分：30 m <住区与水体距离≤ 50 m 1 分：50 m <住区与水体距离≤ 100 m 0 分：住区与水体距离> 100 m

指标层 D	指标描述	评分说明
D223 建筑与主导风向夹角	建筑与主导风向的夹角越大，且位于水体下风向时，可以更好地利用水体的降温增湿效果，住区的水气候效能越好	3 分：60°<建筑与主导风夹角 ≤ 90° 2 分：30°<建筑与主导风夹角 ≤ 60° 1 分：0°<建筑与主导风夹角 ≤ 30°或处于水面的上风向
D311 雨水处理净化设施	雨水处理净化设施主要包括中水回用系统和设施等，可将雨水资源净化处理	3 分：有雨水处理净化设施 0 分：无雨水处理净化设施
D312 雨水资源利用程度	雨水资源利用主要指对地面雨水和融化雪水进行收集处理后，用作住区的景观用水、绿化用水等，对雨水资源进行二次利用	3 分：有雨水收集利用系统 0 分：对雨水资源无二次利用
D321 排水体制与冗余度	排水体制的不同会影响雨水的二次利用，雨污分流制可以更有效地加强水资源的循环利用	3 分：分流制 1 分：合流制
D322 可浸区集水能力	主要指地面雨水通过可透水地面场地自然下渗并积蓄的能力，包括蓄滞洼地等，可以有效减少地面径流	3 分：集水快且规模大 1 分：集水慢且规模小 0 分：无可浸区
D323 绿色基础设施分布	绿色基础设施主要指雨水花园、植草沟等，有利于构建场地的自然水循环，控制地表径流	3 分：绿色基础设施分布广泛 2 分：绿色基础设施分布一般 1 分：绿色基础设施分布较少 0 分：无绿色基础设施
D331 开放空间连接度	开放空间连接度会影响住区风环境和热环境，从而对水气候的效能产生影响	3 分：开放空间连接度良好 2 分：开放空间连接度一般 1 分：开放空间连接度较差
D332 滨水绿地植物配置	滨水绿地植物配置往往对水气候效能的影响较大，不同配置会影响水汽对住区内部的渗透作用	3 分：滨水绿地仅植草 2 分：滨水绿地灌草组合 1 分：滨水绿地乔灌草组合
D333 人体舒适度	通过温湿指数和风效指数对人体舒适度进行分析，结合问卷调查，判断滨水住区内人群对气候的普遍感受	3 分：综合评价很好 2 分：综合评价较好 1 分：综合评价一般 0 分：综合评价差
D341 滨水景观步行可达性	滨水景观的步行可达性侧面反映住区居民对滨水景观的可利用性，可达性高可以方便居民对水景观的使用	3 分：滨水景观步行可达性高 2 分：滨水景观步行可达性一般 1 分：滨水景观步行可达性低 0 分：滨水景观无法到达
D342 滨水景观视线可达性	滨水景观的视线可达性可以提升居民的游玩意向，良好的景观视线可以提高居民的景观使用性	3 分：滨水景观视线可达性高 2 分：滨水景观视线可达性一般 1 分：滨水景观视线可达性低 0 分：滨水景观不可见

指标层 D	指标描述	评分说明
D411 滨水空间亲水性	滨水空间应得到较好的开发利用，结合水系布置亲水露台和开敞空间，居民可以与水体有较好的交互活动	3 分：滨水空间亲水性良好 2 分：滨水空间亲水性一般 1 分：滨水空间亲水性低 0 分：滨水空间无利用
D412 滨水界面景观渗透性	滨水界面景观渗透可以强化水景观效能利用，渗透性越高水景观的宜人性越高	3 分：滨水界面景观渗透性良好 2 分：滨水界面景观渗透性一般 1 分：滨水界面景观渗透性低
D413 水景观居民满意度	居民对水景观的直观感受能较为直接地反映水景观的使用情况，体现滨水景观的效能	3 分：综合评价很好 2 分：综合评价较好 1 分：综合评价一般 0 分：综合评价差
D421 建筑屋顶绿化占比	建筑屋顶绿化可以对雨水进行源头管理，还可以提升住区空气质量，缓解热岛效应，提升居民的生活质量	3 分：屋顶绿化占比较大 2 分：屋顶绿化占比一般 1 分：屋顶绿化占比较小 0 分：建筑屋顶无绿化
D422 路面积水情况	在日常降雨过程中住区内道路上的积水情况，是否存在积水无法正常排出的情况，重要易涝点的道路边沟和低洼处径流水深不应大于 15 cm	3 分：综合评价很好 2 分：综合评价较好 1 分：综合评价一般 0 分：综合评价差
D511 灾害预警、处理与灾后保障系统	完善的灾害预警、处理与灾后保障系统可以在发生灾害时有效减轻灾害影响并快速恢复，是保障居民正常生活的要素之一	3 分：具有完善的灾害预警、处理与灾后保障系统 2 分：预警系统较为全面，能够对常见灾害提供较准确的预警信息，覆盖区域较广。具备较为系统的应急处理机制，但在细节和复杂灾害情境下仍需改进。有一定的灾后保障和恢复计划，但在资源的持续供应和长期恢复方面可能存在不足 1 分：具备基本的灾害预警机制，但覆盖范围有限或者预警准确性较低。有部分应急处理计划，但缺乏协调和整合。有一些基本的灾后恢复措施，但缺乏长期恢复计划和社区支持 0 分：不具备灾害预警、处理与灾后保障系统
D512 节水器具普及率	节水器具可以有效提升水资源的利用效率，政府或物业应对节水器具进行宣传并具体落实	3 分：节水器具普及率高 2 分：节水器具普及率一般 1 分：节水器具普及率低 0 分：无节水器具使用

指标层 D	指标描述	评分说明
D513 公共节水普及率	主要指对居民的节水宣传，政府或物业应定时定期进行线上线下宣传	3 分：公共节水普及率高 2 分：公共节水普及率一般 1 分：公共节水普及率低 0 分：无公共节水宣传

　　评价体系的构建是为了确定滨水住区的适水性情况，基于适水性的提升，从驱动力、压力、状态、影响、响应五个层面提出住区的发展目标。驱动力、压力的数值越大，说明住区整体环境越好，对水的适应性越好；状态值越高，说明住区的水环境和对水的适应性状态越好；影响的数值越高，说明住区的水环境对居民的生活产生积极的效应；响应的数值越高，说明政府政策对住区中的水环境、水安全等方面十分重视，积极采取措施。因此驱动力、压力、状态、影响、响应都与水环境正相关。

　　根据滨水住区实际得到的适水性分数，可以进一步划分为优良、一般、较低三个等级，如表 4-10 所示，每个等级对应一定的分数范围。如果等级划分为"优良"，则证明滨水住区对于水环境的相关空间运作方面具有良好的适应性，水资源、水景观得到充分利用，水安全防控完善，水气候效能适应性强，住区空间具有优良的适水性；划分等级为"一般"，则证明滨水住区对于水环境的相关空间运作适应性比较良好，评价指标平均得分良好，但部分指标可能出现得分很低的情况，住区空间具有较好的适水性；划分等级为"较低"，则证明住区对于水环境的运用程度很低，评价指标大部分得分偏低，需要进行多方面改善，住区空间仅达到了最基本的适水性。

表 4-10　城市滨水住区适水性等级划分

滨水住区适水性得分 P	适水性等级划分
$P \leqslant 1$	住区适水性较低
$1 < P \leqslant 2$	住区适水性一般
$2 < P \leqslant 3$	住区适水性优良

3. 评价体系适用说明

　　由于适水性因素的评价结果会受到诸多要素的影响，本书仅就寒冷地区滨水住区的适水性评价与水体、土地、绿植、气候等生态环境要素的基本内容、特征和各个特征与城市住区规划系统的有机关联进行研究，暂不考虑其他因素的影响。此外，本书以滨水住区为适水性研究的尺度，研究住区的用地规模、路网结构、空间形态、开发强度、建筑组合模式、市政规划布置等人工空间环境的具体模式与特点，并从驱动力、压力、状态、影响、响应五个方面总结归纳影响住区适水性的因素。

（1）内容适用

该评价体系适用于对新建滨水住区的适水性进行等级评定，为规划设计方案提供比较和参考。此外，还可用于对已建成滨水住区进行适水性的改造和优化，或对既有滨水住区的适水性改造效果进行评定。

（2）规模与空间要素适用

该评价体系适用的滨水住区应该具备一定的基础条件，是具有一定规模和一般意义上的城市滨水住区。此外，本评价体系是基于一般意义上的城市住区进行赋值和评价计算的，住区的土地作为一项指标，对适水性的评价会产生影响，当住区内存在其他功能用地时，对影响适水性的各个因素的要求也会不同。例如商住混合用地可能更加重视水生态景观修复与水经济，开放式住宅区更注重水安全和水资源串联等，侧重点不同会对评价体系的权重产生影响，应该有所区别。因此本书探讨的城市住区，主要侧重纯粹的城市居住用地，商住混合、开放住宅等暂不考虑在内，只针对一般意义上的普通城市滨水住区，如有需要，则需进行权重的重新赋值。

影响住区适水性评价的空间类要素包括新旧分区、水体条件、建筑布局等，在评价过程中需要采取单一变量来进行分析，因此可能需要罗列不同的评价体系来应对不同的空间环境。例如住区新旧分区不同，住区对于内部水资源利用和微气候的舒适性评价标准可能发生变化，各影响因素和目标层的权重和阈值也会不同，从而说明住区的适水性要求也发生变化，评价的标准和结果的客观性会变得不准确。因此，在本研究中，结合住区层面的研究特性以及具体的研究对象，将空间的功能要素作为单一变量进行研究。

（3）生态要素条件适用

由于滨水住区分为滨海住区、滨河住区和滨湖住区三类，住区邻近的水体条件不同，水体的规模不同，对于住区的适水性影响也会发生变化，从而适水性的评价结果也会不同。因此绝对的区位是一个比较重要的因素，需要予以考虑，在书中水体尺度和滨水距离都有提及。此外本书的指标体系只针对寒冷地区进行分析，气候区划会影响微气候环境的营造，若改变气候区划，适水性评价的标准与结果的客观性则会不准确，不同气候分区，滨水住区的适水性要求也会不同，比如在寒冷地区更关注水环境的降温增湿效应，而南方地区更关注水环境通风廊道和景观方面的作用，因此本书的评价体系不适用于其他气候分区，仅提供参考。

补充说明的是，本书的研究对象是寒冷地区的城市滨水住区，主要以天津市为例进行实践研究，而且本书以城市规划为核心，主要侧重于研究物质空间要素的影响，最终建立较为普适的评价指标体系。

4. 寒冷地区滨水住区适水性评价流程

通过上述研究，城市滨水住区适水性评价体系已构建完成，笔者在构建此体系时力求其具有普适性，具体的评价流程如图 4-10 所示。

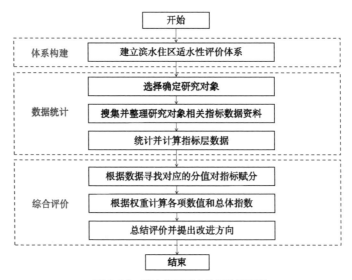

图 4-10　滨水住区适水性评价流程图

4.5　天津市典型滨水住区适水性评价实证应用

4.5.1　案例选择与数据获取

1. 滨水住区案例选取

本研究选取天津市典型的三个滨水住区，根据评价模型评价打分，评价三个滨水住区的适水性具体情况，总结出天津滨水住区的总体适水性程度，分析适水性不高的原因，最终根据不同因素方向对滨水住区提出相对应的优化改进措施和优化策略。

本书选取天津市滨河新苑、海逸长洲恋海园、海逸王墅三个滨水住区作为调研地点，其中包含滨江住区、滨湖住区不同类型滨水住区，包含老旧多层住区、超高层住区和别墅住区等不同居住类型的住区，包含不同尺寸水体的住区以及分别位于老城与新城的住区，以保证单个样本的差异性，从而获得较为精准的调研结果。此外，三个地块均是建于20世纪90年代以后的住区，因其现状使用情况较好，居民入住率较高，居住类型具有一定代表性。

2. 具体调研方法

（1）实地勘测法

水体的气候效应在夏季较为明显，在冬季较为不明显，遂本次调研选定于2021年6月下旬分别在滨河新苑、海逸长洲恋海园、海逸王墅三个住区进行实地勘测，通过观察法、测量法等方法记录住区建筑空间信息、生态环境要素和景观系统情况。此外，在三个住区水体周边和内部建筑空间选取代表性点位架设移动气象站，进行微气候数据采集工作。

（2）现场访谈法

本次调研于2021年10月对选取的滨水住区的居民进行访谈调查，将调查对象根据年龄或其他要素进行分类，从而获得较为全面的样本数据，获取住区内实际居住的居民对滨水住区的水生态景观修复与雨洪安全性的主观评价。

（3）实验模拟法

本书采用 ENVI-met 软件对住区进行微气候实验模拟，首先在软件系统中建立住区的概化模型，通过调研与卫星图像等方式获取各个住区的具体空间尺寸，在软件中建立住区现状的概化描述。在模型建立之初，根据住区的尺度确定模型的精度，较大尺度的住区采用 X、Y、Z 轴 5 m×5 m×5 m 的空间网格精度，较小尺度与模拟实验的理想模型采用的是精度较高的 X、Y、Z 轴 2 m×2 m×2 m 的空间网格精度。最低温度、最高温度、风向、经纬度等空间要素参数与气候要素参数的设置可参考表 4-11 中的数据，这些数据均为实地调研与在天津气象站获取的较为准确的数据。

根据实地测量调研发现，夏季住区最高温度往往出现在 14∶00 左右，因此模拟这一时刻的温度、湿度与风速具有较高的价值与意义，此外为保证连续性与准确性，采用长时间模拟，再提取需要时间的方式进行，因此一般从 7∶00 模拟到 15∶00，再提取 14∶00 的微气候数据。另外，根据住区的竖向设计和地下管网设计，通过 SWMM 软件构建住区的水安全。

表 4-11　ENVI-met 模拟参数设置表格

基地参数	天津经纬度	东经 116º42'~118º03'，北纬 38º33'~40º15'
	近地面粗糙程度	0.06
模拟时间	夏季	2021 年 6 月 21 日
气象参数	夏季 10 m 高度风速	1.7 m/s
	夏季风向	东南风向 135°
	夏季温度区间设置	24~34℃
	2500 m 高度含湿量（g/kg）	7
	夏季 2 m 高度相对湿度边界值（最高）	77 %
	夏季 2 m 高度相对湿度边界值（最低）	50 %

3. 调研内容

本书通过对三个既有滨水住区进行深入调研，探究住区的生态环境要素与空间环境要素。具体的调研获取内容如下。

① 滨水住区的建筑高度、建筑布局、容积率、开发强度等空间参数信息。

② 滨水住区内部绿地植物配置与水环境的配合程度，住区滨水水体条件、水面连通度以及水体规模等生态环境要素信息。

③ 滨水住区高程分布、竖向设计，以及下沉绿地、植草沟以及雨洪花园等绿色基础设施分布情况。

④ 通过访谈、发放问卷等方法，调研附近居民对滨水开放空间的利用程度，以及水生态景观使用后评价。

4. 调研数据获取

本书所用的基础数据来源于研究范围内相关气象部门提供的气象数据文件、访谈、实地调研以及网络搜集。水安全指标相关数据通过相关规划部门提供的 CAD 测绘文件获取；水气候相关数据通过现场勘测调研、团队物理环境调研以及相关气象部门的气象数据资料获取；水景观评价指标的相关数据，需要结合实地调研、发放问卷或访谈的形式获取；对于空间性的数据，需要通过卫星影像及百度地图，结合实地调研确定各个研究要素地理位置及边界，再整合补充绘制录入 GIS。主要数据来源与用途见表 4-12。

表 4-12　主要数据来源与用途

数据	来源	用途
气候分区与温度、湿度、风速等数据	天津市气象局	探究住区空间的微气候效能利用情况，现状资料与模拟数据对比
地区详细规划	天津市规划局	
各片区地下管网分布		
海河水环境数据		
住区建筑数据	实地调研与网络搜集	
天津市常用园林植物与配置		
天津市选取住区遥感影响、土地利用信息	通过卫星影像及百度地图，结合实地调研确定各研究要素位置及边界，通过作者整合补充录入 CAD 及 GIS	底图绘制，滨水功能聚集性分析等
现状住区边界、路网等矢量数据		
滨水住区景观效益	实地调研和发放问卷、访谈等形式	住区居民对空间适水性的信息反馈分析
滨水景观可达性		

4.5.2 天津典型滨水住区适水性评价结果

1. 滨河新苑适水性评价

（1）住区概况

滨河新苑小区属于河东区，位于河东、河西两区交界位置，南邻海河，由天津万隆集团有限公司开发建设（图4-11）。住区占地21.84 ha，总建筑面积达到432 611 m²，容积率为2.01，共计住宅65栋，住户4735户。住区的建筑密度约28%，绿地率约27%，住区内包含一处住区绿地，其余主要为组团绿地，建筑分布紧密，但住区无地下停车场，主要实行地上免费停车方式，所以住区道路偏拥挤。

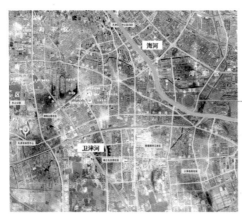

图4-11　滨河新苑区位图

滨河新苑建筑布局形式为行列式，布局形式单一，高度为18~24 m，建筑为5~8层建筑。天津季风盛行，受海洋湿暖气团影响明显，夏季盛行东南风，风力较小。滨河新苑的建筑与夏季盛行风的夹角约为40°，处于河流的下风向（表4-13）。海河位于滨河新苑南侧，与住区的距离约为50 m，中间隔有海河东路，住区居民只能通过小区的人行南门到达海河周边绿地区域（图4-12、图4-13）。

表 4-13　滨河新苑基本情况

占地面积: 21.84 ha	建筑类型: 多层
坐标: 北纬 39° 09′　东经 117° 26′	建筑布局形式: 行列式
所在城区: 河东区	建筑高度: 18~24 m
竣工时间: 2000 年	建筑密度: 约 28%
总建筑面积: 432 611 ㎡	建筑主要朝向: 南偏 5°, 与夏季盛行风夹角约 40°
容积率: 2.01	水系名称: 海河
绿地率: 约 27%	河流走向: 西北—东南向
总户数: 4735 户	至水岸距离: 约 50 m
楼栋总数: 65 栋	河道平均宽度: 147 m

图 4-12　滨河新苑平面图

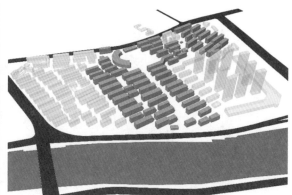

图 4-13　滨河新苑空间示意图

（2）住区雨洪安全数据模拟

滨河新苑整体地形平坦, 中间区域有几个较小的坡度, 整体向海河有很小的缓坡。滨河新苑作为较为平坦的住区, 雨洪的处理和排放效果较差, 地表排水的天然优势较弱, 排水主要依靠地下的排水管网。在地表排水方面, 该住区的情况一般, 住区本身的绿地率约为 27%, 除道路为水泥地外, 其他地方主要采用硬质铺装, 不透水, 地表透水率较低, 主要依靠绿地, 住区内缺乏良好的绿化与渗透空间 (图 4-14)。滨河新苑的地表雨水口分布合理, 雨水口主要分布于住区道路两侧和宅间道路上, 排水体制为雨污合流, 管道冗余度情况一般。住区内部不包含其他水体, 主要依靠海河的水体对住区内部发挥水气候效能作用, 且住区本身与海河的交流较生硬, 仅边界相邻, 没有绿化廊道等配置。雨洪花园、植草沟、下沉绿地等绿色基础设施很少, 规模不足,

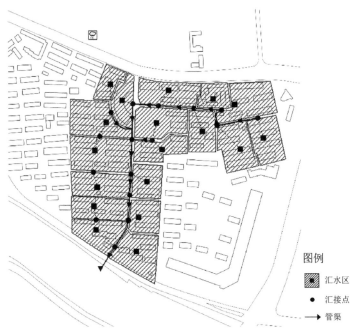

图例

▨ 汇水区

● 汇接点

→ 管渠

图 4-14　滨河新苑雨洪安全模型概化分区

且基本没有建筑屋顶绿化与处置绿化等集水设施。住区内部的植物配置情况一般，乔灌草配置合理，以乔木草地为主，灌木层等具有生物阻滞效果的植被类型分布不足。可浸区具有一定集水能力，但绿地普遍规模较小，且高差式设计有待优化。现状住区内没有地下蓄水体、雨水处理与净化设施，雨水资源的利用程度较低，雨水没有得到充分利用，暴雨时路面积水情况一般，几处地势低洼处会出现积水现象，影响人们正常出行（表 4-14）。住区内部的开放空间连接度较差，建筑分布较紧密，开敞空间主要通过道路连接，视线受阻，住区内广场空间与绿地空间联系紧密。对灾害预警、处理和灾后保障系统有所考虑，结合了广场与大面积的绿地布置避灾设施，但住区内节水器具普及率较低，居民家中使用节水器具的不多，但居民的节水意识较优，与居民类型偏老年有一定关系。

表 4-14　滨河新苑模拟数值关键数据分析

重现期 /a	径流系数	排水峰值 / (L/s)	雨水排净时间 /h
5	0.593	15.67	9.22
10	0.617	16.98	10.12
100	0.653	20.43	14.31

（3）住区滨水微气候实测与模拟

先对住区的实际气候情况进行调研，再对住区进行选点和点位布局分析，制作调研计划。本研究在滨河新苑选取了5个点位（图4-15、图4-16），在夏季利用移动气象站对住区进行物理环境数据采集和微气候条件实测。一方面为了验证模拟数据的准确性，另一方面为分析住区的微气候现状情况。此外，选取最合适的模拟实验分析时间节点。

图4-15　滨河新苑调研点位分布图

图4-16　滨河新苑调研点位现场情况图

微气候测试时间为2021年6月21日，天气多云，气温23℃至31℃，东风3级，日间相对湿度45%。能够代表天津市典型气候条件的测试时间段在8：00—18：00，总共10小时，调研采用Misol无线Wi-Fi移动式卫星气象站记录室外温度、室外湿度、平均风速、风向、光照等指标。测试针对住区滨水空间和公共活动空间的微气候展开，设置 5 个点位，通过不同点位布置记录微气候的不同特征变化。点位 1 和点位 3 位于靠近水体且没有建筑遮挡的区域，点位 2、点位 4 和点位 5 位于住区内不同的开放空间。

住区内微气候测量情况如图 4-17~ 图 4-20 所示。对 5 个移动测量站的数据进行整理后发现，滨河新苑在夏季最高温度往往出现在 14：00 左右，因此本住区的微气候模拟数据提取为 14：00 的数据。

通过对住区内的温度、湿度、风速等微气候因素进行模拟，可以看出滨河新苑的水气候效能适应性较差，住区的开发强度较高，建筑为 5~8 层，建筑分布较为紧密，缺乏水体渗透廊道的规划与设计，绿地面积有限，导致水环境的降温增湿效应无法很

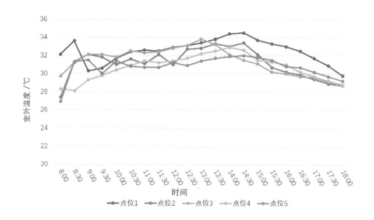

图 4-17　滨河新苑住区温度实测变化图

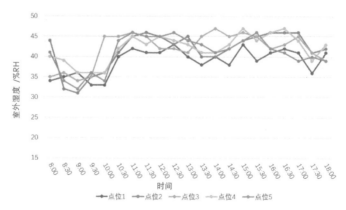

图 4-18　滨河新苑住区湿度实测变化图

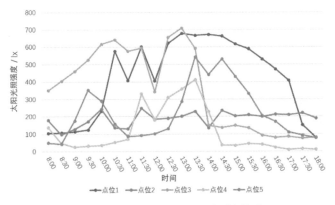

图 4-19　滨河新苑住区日照实测变化图

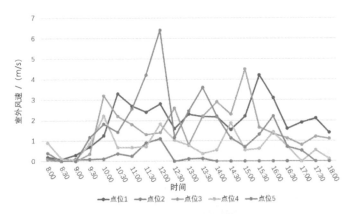

图 4-20　滨河新苑住区风速实测变化图

好地借助风环境对住区内部产生影响（图 4-21）。住区的行列式建筑布局，没有考虑与滨水界面的契合，滨水建筑高度比较平均，没有面向水环境逐级递减；滨水界面的开放度很低，错开的墙体将水汽阻拦在住区之外，无法渗到住区内的开放空间中，住区夏日午后的温度集中在 30℃左右，与凉爽的水面形成对比。滨河新苑整体建筑位于水体的下风向，但建筑与夏季主导风向的夹角较小，也使得水气候的利用程度低。水体形态为直线型，且与住区的接触面积较大，但住区内部没有水体布局，不利于水气候效能的发挥，海河周边以乔木为主，绿地较少，多为硬质铺装，植物配置与水环境的配合度较低。

图 4-21　滨河新苑滨水空间和内部绿化图

　　滨河新苑住区微气候模拟实验情况见图 4-22。

　　根据模拟得到的气候情况，选取与实际调研相同的点位提取温度、湿度、风速数值，计算其温湿指数与风效指数，如图 4-23 所示。根据点位模拟情况可以看出，在滨河新苑的人体舒适度指数方面，在 6 月 21 日这天整体感受热的时候较多，约占 50%，40% 的时候感到舒适，只有很少时候会感到闷热难忍，在靠近水体和绿地较多的地方舒适度会有所提升（图 4-24），结合对住区居民的问卷调查，滨河新苑整体舒适度一般。

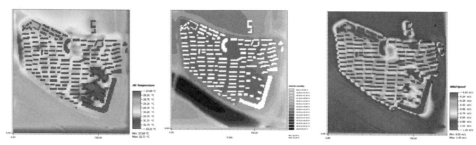

图 4-22　滨河新苑 14：00 温度（左）、湿度（中）、风速（右）模拟图

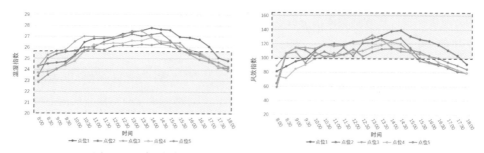

图 4-23　滨河新苑模拟温湿指数（左）和模拟风效指数图（右）

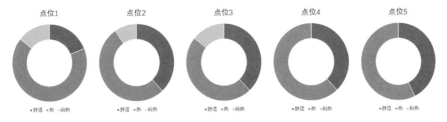

图 4-24　滨河新苑模拟人体舒适度分布图

2.海逸长洲恋海园适水性评价

（1）住区概况

海逸长洲恋海园地处天津市南部，位于梅江地区，属于西青区，紧邻友谊路中央商务区核心区位，坐落在奥运迎宾大道沿线，依靠梅江公园得天独厚的自然景观及水域优势，成为天津高端居住区之一。东北方向有卫津河穿过，西侧毗邻住区内部湖面，水资源充足，分布广（图 4-25）。住区占地 10.96 ha，总建筑面积达到 290 000 m²，容积率为 2.6，总计住宅 15 栋，住户 1425 户。住区的建筑密度约 12%，绿地率约70%，地上采取人车分流的设计，建设有地下停车场，包含 500 个停车位，住区内绿化条件良好。

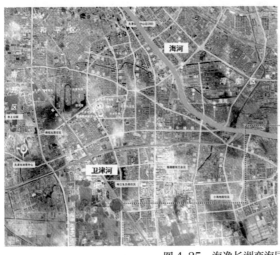

图 4-25　海逸长洲恋海园区位图

海逸长洲恋海园建筑布局形式为混合型，东侧住宅为点群式，西侧住宅为行列式，建筑高度为 78~96 m，26~30 层，属于高层建筑，因此建筑与建筑之间间隔较大，地面空间较宽阔，使得地面绿化环境良好。海逸长洲恋海园内的建筑与夏季盛行风的夹角为 5°和 75°，东侧点群式高层与盛行风夹角较大，西侧行列式高层与季风夹角较小，整体住区处于住区内部水面的上风向（表 4-15）。海逸长洲恋海园西侧的水系为融创集团建设的内部水系，由海逸长洲恋海园和海逸王墅两个住区围合而成，主要为居住区内部使用，周边规划建设有亲水平台和互动场地，距离约为 20 m，使用程度较高，水体整体形态自由，平均宽度为 60 m（图 4-26、图 4-27）。

表 4-15　海逸长洲恋海园基本情况

占地面积：10.96 ha	建筑类型：高层
坐标：北纬 39° 05′ 东经 117° 21′	建筑布局形式：行列式与点群式混合
所在城区：西青区	建筑高度：78~96 m
竣工时间：2006 年	建筑密度：约 12%
总建筑面积：290 000 ㎡	建筑主要朝向：南偏 20°，与夏季盛行风夹角为 5°和 75°
容积率：2.6	水系名称：内部景观水、卫津河
绿地率：约 70%	河流走向：西北—东南向
总户数：1425 户	至水岸距离：约 20 m
楼栋总数：15 栋	河道平均宽度：60 m

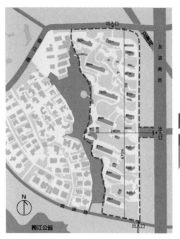

图 4-26　海逸长洲恋海园平面图

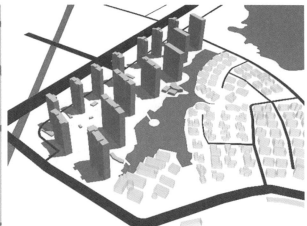

图 4-27　海逸长洲恋海园空间示意图

（2）住区雨洪安全数据模拟

海逸长洲恋海园整体地形平坦，中间区域有较小的坡度，整体南高北低。住区内部的排水主要依靠地下排水管网，地表排水的天然优势较弱，地表排水率一般。住区内部的绿地率约70%，除道路为水泥地外，地面以硬质铺装为主，不透水，地表透水率低，但绿化充足，住区内有较为良好的绿化和渗透空间，降雨可以迅速排净（图4-28）。海逸长洲恋海园的地表雨水口分布合理，雨水口主要分布于住区道路两侧和宅间道路上，排水体制为雨污合流，管道冗余度情况一般。住区内包含一处小水体，但水质不佳，偶尔会有干涸的现象，东北方向的卫津河与住区只有一小部分接触，产生的影响较小，基本不在考虑范围内，住区内部的水安全和水气候影响主要来自西侧的水面，且水面与住区的公共空间相联系。雨洪花园、植草沟、下沉绿地等绿色基础设施较少，且规模不足，个别建筑屋顶有绿化设施，但数量较少，无法发挥集水效能。住区内部的植物配置情况一般，乔灌草配置合理，以乔木、草地为主，灌木层只分布于宅间道路两侧，数量较少。可浸区集水能力良好，绿地分布较广，有一定的高差设计。住区没有地下蓄水体、雨水处理与净化设施，雨水资源的利用程度较低，雨水没有得到充分利用，暴雨时路面积水极少，基本不会出现阻挡居民出行的情况（表4-16）。住区内广场空间与绿化空间联系紧密，开敞空间成轴成体系，连接性良好，居民的室外活动空间充足且设施完善。对灾害预警、处理和灾后保障系统有所考虑，结合了广场与大面积的绿地布置避灾设施，住区内节水器具普及率一般，部分居民家中使用节水器具，居民的节水意识一般。

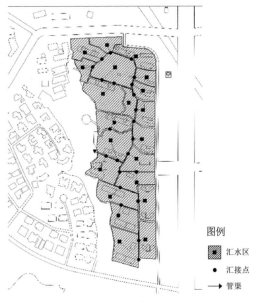

图例
▨ 汇水区
● 汇接点
→ 管渠

图 4-28　海逸长洲恋海园雨洪安全模型概化分区

表 4-16　海逸长洲恋海园模拟数值关键数据分析

重现期 /a	径流系数	排水峰值 / (L/s)	雨水排净时间 /h
5	0.418	12.1	6.89
10	0.514	15.42	9.02
100	0.621	19.32	13.21

（3）住区滨水微气候实测与模拟

先对住区的实际气候情况进行调研，再对住区进行选点和点位布局分析，制作调研计划。本研究在海逸长洲恋海园选取了三个点位（图 4-29、图 4-30），在夏季利用移动气象站对住区进行物理环境数据采集和微气候条件实测。

图 4-29　海逸长洲恋海园调研点位分布图

图 4-30　海逸长洲恋海园调研点位现场情况图

微气候测试时间为 2021 年 6 月 22 日，天气晴转阴，气温 23℃至 29℃，东南风 3 级，日间相对湿度 47%。测试针对住区滨水空间和公共活动空间的微气候展开，设置 3 个点位，在不同点位记录微气候的不同特征变化。点位 1 位于开敞的亲水空间处，点位 2 位于住宅旁边的道路处，点位 3 位于住宅内部的绿地处，3 个点位与水体距离逐渐增加。

住区内微气候现状测量情况如图 4-31~图 4-34 所示。对 3 个移动测量站的数据进行整理后发现，海逸长洲恋海园在夏季较有代表性的时间为 14：00 左右，因此本住区的微气候模拟数据提取为 14：00 的数据。

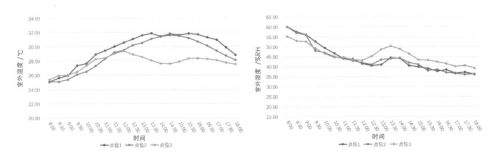

图 4-31　海逸长洲恋海园住区温度实测变化图　　　图 4-32　海逸长洲恋海园住区湿度实测变化图

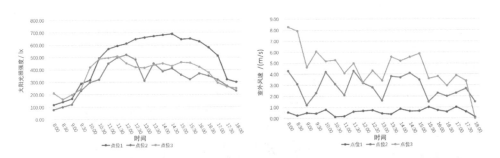

图 4-33　海逸长洲恋海园住区日照实测变化图　　　图 4-34　海逸长洲恋海园住区风速实测变化图

通过对住区内的温度、湿度、风速等微气候因素进行模拟，可以看出海逸长洲恋海园的水气候效能适应性较良好，住区的建筑密度较低，建筑层数较多，建筑分布较松散，建筑与建筑之间的间距较大，水体可以通过绿廊渗入住区内部的空间环境中，充足的绿化廊道使得水环境的降温增湿效应借助风环境对住区内部产生影响（图 4-35）。住区靠近水体的部分为行列式布局，另一侧为点群式布局，整体建筑短边与

图4-35　海逸长洲恋海园滨水空间和内部绿化图

水体相接，是水气候最大限度影响住区的布局，建筑靠近水体的较高，外侧较低，向水体逐级递增；滨水界面的开放度很高，水汽可以较轻松地渗到住区中，午后温度集中在28℃到30℃，由水体向内部递增，受水体的降温影响明显。住区整体建筑位于水体的上风向，与夏季主导风的夹角较小，且建筑高度较高，内部会形成风影区，会对住区内部气候环境造成一定影响。水体在海逸长洲恋海园这一侧的形态主要为内凹型，沿岸形体变化多样，植物以乔木和草地为主，多为规划的亲水平台，植物配置与水环境的配合度一般。

海逸长洲恋海园住区微气候模拟实验情况见图4-36。

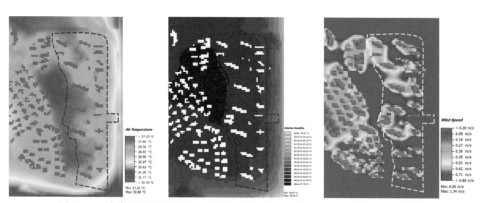

图4-36　海逸长洲恋海园14：00温度（左）、湿度（中）、风速（右）模拟图

根据模拟得到的气候情况，选取与实际调研相同的点位提取温度、湿度、风速数值，计算其温湿指数与风效指数，如图 4-37 所示。根据点位模拟情况可以看出，在海逸长洲恋海园的人体舒适度指数方面，在 6 月 22 日这天整体感到舒适的时候较多，占 60%~70%，30% 的时候感到热，在靠近水体和绿地较多的地方舒适度会更高，甚至达到 100%（图 4-38），结合对住区居民的问卷调查，海逸长洲恋海园整体舒适度良好。

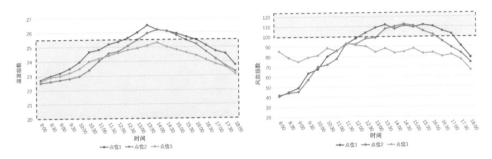

图 4-37　海逸长洲恋海园模拟温湿（左）和风效（右）指数图

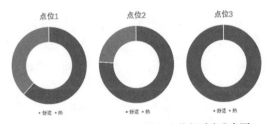

图 4-38　海逸长洲恋海园模拟人体舒适度分布图

3. 海逸王墅适水性评价

（1）住区概况

海逸王墅地处天津市南部，位于梅江地区，属于西青区，与海逸长洲恋海园均由融创集团开发建设，位于同一街区内，南邻梅江公园，自然环境良好，是天津高端别墅区之一（图 4-39）。住区占地 12.28 ha，总建筑面积达到 31 900 m²，容积率为 0.91，共计住宅 84 栋，均为独栋别墅，住户 84 户。住区的建筑密度约 27.5%，绿地率约 27%，住区内包含一处组团绿地，其余主要为独栋别墅内部绿地，建筑分布紧密，建设有地下停车场，地上也设计有停车位。

海逸王墅的建筑布局形式为混合型，除中间分布有个别别墅为点群式，其余多为行列式，楼栋之间平行排列，形成规则的布局，整体较为紧凑。建筑高9~12 m，3~4层，属于低层建筑，建筑与建筑之间的间距较小，绿化多位于别墅自身的庭院中，外部的绿化主要沿道路布置。海逸王墅的建筑与夏季盛行风的夹角为75°，夹角较大，整体处于水体的下风向（表4-17）。海逸王墅东侧的水系为融创集团建设的内部水系，由海逸长洲恋海园和海逸王墅两个住区围合而成，主要为住区内部使用，海逸王墅侧的水面亲水平台较少，部分别墅直接临水，部分别墅自身建设有亲水平台，水体沿岸多为私人使用，开放空间较少，水体整体形态自由，平均宽度为60 m。西南侧靠近梅江公园，与梅江公园内部湖面距离50 m及以上，整体建筑平行于夏季盛行风布置，受到的影响较小（图4-40、图4-41）。

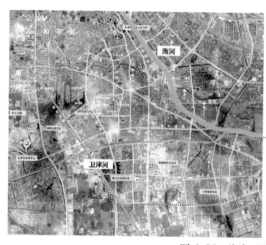

图 4-39　海逸王墅区位图

表 4-17　海逸王墅基本情况

占地面积：12.28 ha	建筑类型：低层
坐标：北纬39°05′ 东经117°21′	建筑布局形式：行列式与点群式混合
所在城区：西青区	建筑高度：9~12 m
竣工时间：2009年	建筑密度：约27.5%
总建筑面积：31 900 m²	建筑主要朝向：南偏30°，与夏季盛行风夹角75°
容积率：0.91	水系名称：内部景观水、梅江公园
绿地率：约27%	河流走向：西北—东南向
总户数：84户	至水岸距离：0~10 m
楼栋总数：84栋	河道平均宽度：60 m

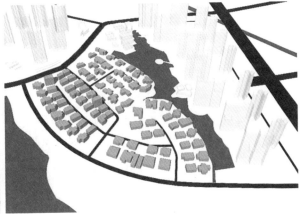

图 4-40　海逸王墅平面图　　　　　　图 4-41　海逸王墅空间示意图

（2）住区雨洪安全数据模拟

　　海逸王墅整体地形平坦，中间区域有较小的坡度，整体南高北低。住区内部的排水主要依靠地下排水管网，地表排水的天然优势较弱，地表排水率一般。住区内部绿地率约为27%，除道路为水泥地外，少部分开敞空间为硬质铺装，不透水，地表透水率低，住区内缺乏良好的绿化与渗透空间（图4-42）。海逸王墅的地表雨水口分布合理，雨水口主要分布于住区道路两侧和宅间道路上，排水体制为雨污合流，管道冗余度情况一般。住区内部不包含其他水体，但由于直接临近中心水体，受到水气候和水环境的影响较为直观明显。雨洪花园、植草沟、下沉绿地等绿色基础设施较少，规模不足，屋顶绿化较少。住区内部的植物配置情况一般，乔灌草配置合理，以乔木草地为主，灌木层只分布于宅间道路两侧，数量较少。可浸区集水能力良好，绿地分布有限，主要沿道路分布，其余绿地包含在别墅内部庭院中。住区没有地下蓄水体、雨水处理与净化设施，雨水资源的利用程度较低，雨水没有得到充分利用，暴雨时路面积水少，基本不会出现阻挡居民出行的情况（表4-18）。住区内部的开放空间连接度较差，建筑分布较紧密，开敞空间主要通过道路连接，视线受阻，住区内广场空间与绿地空间联系紧密。对灾害预警、处理和灾后保障系统有所考虑，住区内节水器具普及率一般，部分居民家中使用节水器具，居民的节水意识一般。

图例
▨ 汇水区
• 汇接点
→ 管渠

图 4-42　海逸王墅雨洪安全模型概化分区

表 4-18　海逸王墅模拟数值关键数据分析

重现期 /a	径流系数	排水峰值 /（L/s）	雨水排净时间 /h
5	0.621	13.21	8.78
10	0.662	16.45	9.54
100	0.695	19.87	13.87

（3）住区滨水微气候实测与模拟

先对住区的实际气候情况进行调研，再对住区进行选点和点位布局分析，制作调研计划。本研究在海逸王墅选取了三个点位（图 4-43、图 4-44），在夏季利用移动气象站对住区进行物理环境数据采集和微气候条件实测。

微气候测试时间同海逸长洲恋海园，为 2021 年 6 月 22 日，天气晴转阴，气温23℃至 29℃，东南风 3 级，日间相对湿度 47%。测试针对住区滨水空间和公共活动空间的微气候展开，设置 3 个点位，通过不同点位布置记录微气候的不同特征变化。点位 1 靠近梅江公园的一侧开敞空间，点位 2 位于住宅内部的道路旁，点位 3 位于住区内部绿地公园处。

住区内微气候现状测量情况如图 4-45~ 图 4-48 所示，对 3 个移动测量站的数据进行整理后发现，海逸王墅在夏季较有代表性的时间为 14:00 左右，因此本住区的

图 4-43　海逸王墅调研点位分布图

图 4-44　海逸王墅调研点位现场情况图

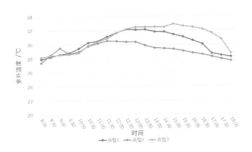

图 4-45　海逸王墅住区温度实测变化图

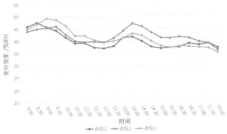

图 4-46　海逸王墅住区湿度实测变化图

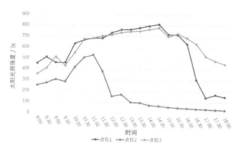
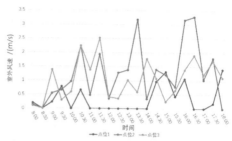

图 4-47　海逸王墅住区日照实测变化图　　　　图 4-48　海逸王墅住区风速实测变化图

微气候模拟数据提取为 14：00 的数据。

　　通过对住区内的温度、湿度、风速等微气候因素进行模拟，可以看出海逸王墅水气候效能适应性较好，住区的开发强度不高。虽然建筑分布较紧密，但建筑整体层数不多，且与水体关系较为紧密，水气候可以直接对建筑内部空间产生影响，通过道路和建筑间距渗入住区内部的空间环境中。虽然绿地面积有限，但较好的风环境使得水体的降温增湿效应可以很好地影响住区内部环境（图 4-49）。整体建筑短边与水体相接，水汽可以最大限度地渗入住区中，建筑与滨水界面契合度良好，滨水建筑整体高度较为平均，滨水界面主要向别墅内部开放，使用度较高。午后温度集中在 28℃到 30℃，由水体向内部递增，受水体的降温影响明显，增湿效果也十分显著。住区整体位于水体的下风向，与夏季主导风向夹角较大，利于水气候效能的发挥，水体在海逸王墅这一侧的形态主要为外凸型，沿岸形体变化多样，植物乔灌草都有分布，部分别墅布置有亲水平台，部分为封闭的庭院，植物配置与水环境的配合度较好。

　　海逸王墅住区微气候模拟实验情况见图 4-50。

　　根据模拟得到的气候情况，选取与实际调研相同的点位提取温度、湿度、风速数值，计算其温湿指数与风效指数，如图 4-51 所示。根据点位模拟情况可以看出，海逸王墅在人体舒适度指数方面，在 6 月 22 日这天整体感到舒适的时候较多，占50%~60%，40% 的时候感到热，在靠近水体和绿地较多的地方舒适度会更高（图 4-52），结合对住区居民的问卷调查，海逸王墅住区整体舒适度良好。

图4-49　海逸王墅滨水空间和内部绿化图

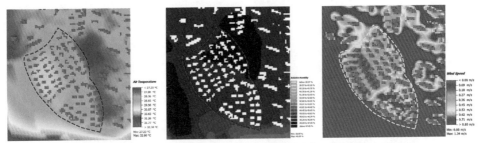

图4-50　海逸王墅14：00温度（左）、湿度（中）、风速（右）模拟图

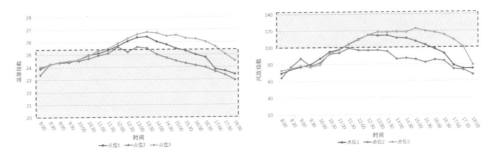

图4-51　海逸王墅模拟温湿（左）和风效指数（右）图

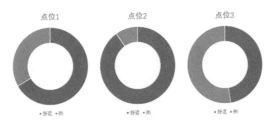

图4-52　海逸王墅模拟人体舒适度分布图

4.5.3 综合评价与类比分析

1. 综合得分分析

通过对三个滨水住区的调研分析，对不同住区的驱动力因素、压力因素、状态因素、影响因素和响应因素进行分析，结合上文所述实验结果和居民问卷调查对三个住区不同指标进行模糊评价，根据评价指标体系和评价标准，结合相关专家意见，对三个滨水住区进行综合性的适水性评分，最终得到综合适水性评价表格（表4-19）。

表4-19　三个滨水住区适水性评价得分表

准则层 B	指标层 D	滨河新苑	海逸长洲恋海园	海逸王墅
B1 驱动力因素	D111 绿地率	1	3	1
	D112 水体尺度与形态	2	3	1
	D113 住区水体布局与连通度	0	1	1
	D121 开发强度（建筑密度）	1	3	1
	D122 建筑布局形式	1	3	1
	D123 滨水建筑高度组合	2	1	2
B2 压力因素	D211 地表不透水率	1	2	1
	D212 竖向设计与坡度	1	3	3
	D213 植被配置	2	2	3
	D214 地表雨水口分布	1	3	3
	D221 滨水界面开放度	1	3	2
	D222 住区滨水距离	1	2	3
	D223 建筑与主导风向夹角	2	3	3
B3 状态因素	D311 雨水处理净化设施	0	0	0
	D312 雨水资源利用程度	0	0	0
	D321 排水体制与冗余度	1	1	1
	D322 可浸区集水能力	1	3	1
	D323 绿色基础设施分布	1	1	1
	D331 开放空间连接度	2	3	2
	D332 滨水绿地植物配置	1	1	2
	D333 人体舒适度	1	3	3
	D341 滨水景观步行可达性	2	3	3
	D342 滨水景观视线可达性	1	3	2
B4 影响因素	D411 滨水空间亲水性	2	3	2
	D412 滨水界面景观渗透性	1	3	2
	D413 水景观居民满意度	1	3	2
	D421 建筑屋顶绿化占比	0	1	1
	D422 路面积水情况	1	3	3

准则层 B	指标层 D	滨河新苑	海逸长洲恋海园	海逸王墅
B5 响应因素	D511 灾害预警、处理与灾后保障系统	2	2	2
	D512 节水器具普及率	1	2	1
	D513 公共节水普及率	2	1	1
A 基于 DPSIR 模型的滨水住区适水性评价		0.9	1.6	1.4

通过三个滨水住区的适水性评分对比，可以发现适水性最好的是海逸长洲恋海园，总评分为 1.6，其次是海逸王墅，总评分为 1.4，这两个小区的适水性等级都为一般，住区对于水环境的相关空间运作适应性比较良好，评价指标平均得分良好，但部分指标出现得分很低或为零的现象，住区空间具有较好的适水性。滨河新苑的得分最低，仅为 0.9 分，住区总体适水性较低，住区对水环境的运用程度很低，评价指标大部分得分偏低，需要进行多方面改善，住区空间仅达到了最基本的适水性。

2. 不同因素得分分析

对三个滨水住区分别从驱动力因素、压力因素、状态因素、影响因素和响应因素五个方面进行分析和对比，结果如图 4-53 所示。

（1）驱动力因素

驱动力因素方面，得分最高的为海逸长洲恋海园，与其他两个滨水住区分值差别较大。这主要是因为绿地率和开发强度的差异较大，海逸长洲恋海园的建筑密度较小，布置较为松散，使得水环境可以对住区环境内部的影响最大化；滨河新苑和海逸王墅

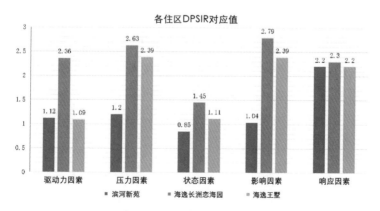

图 4-53　各住区 DPSIR 评价值对比图

的绿地率和建筑密度较大，建筑间距较小，阻挡了水汽的扩散。在住区水体布局与连通度和滨水建筑高度组合方面，三个住区差别不大，住区内部都缺少水体布置，滨水的建筑高度组合情况一般，都没有最大限度地利用水资源。

（2）压力因素

压力因素方面，海逸长洲恋海园和海逸王墅的得分较高，滨河新苑的得分较低。在雨水的储存和排放上，前两个建设年代较新的住区有更好的规划设计，竖向设计和坡度设计更加合理，雨水口分布广泛，且地表不透水率更低，使得雨水可以较快地渗入地下或排入管道。在空间环境影响上，海逸长洲恋海园和海逸王墅对滨水界面的开放度更高，对水系的利用程度更高，滨水距离更近，与主导风向较大的夹角可以使水气候的效能增大。滨河新苑的滨水界面开放度不高，且与主导风向夹角偏小，使得住区的适水性受到影响。

（3）状态因素

状态因素方面，三个滨水住区的得分都不高，海逸长洲恋海园相对好一些。三个住区在水资源的开发利用上得分都不高，住区内缺少雨水处理净化设施，对于水资源的利用程度不高。水安全防控方面，三个住区排水体制都为雨污合流制，滨河新苑的设备较老，且三个住区的绿色基础设施分布不足。水气候适应方面，海逸长洲恋海园和海逸王墅的开放空间连接度和人体舒适度整体较好，住区内部水环境带来的降温增湿效果较明显，水景观功能方面也是如此。

（4）影响因素

影响因素方面，海逸长洲恋海园和海逸王墅的得分明显高于滨河新苑。前两个滨水住区的滨水空间亲水性和水景观居民满意度都较高，住区对水岸的开发利用程度较高，水体建设有完善的亲水空间供居民使用，滨水界面的景观渗透性良好。三个滨水住区的建筑屋顶绿地占比都不高，建筑本身没有规划相应的屋顶花园和垂直绿化，只有部分居民自发地布置了景观植物等；三个住区的路面积水情况不同，除滨河新苑暴雨时偶尔会出现积水影响居民出行外，海逸长洲恋海园和海逸王墅的路面积水情况良好。

（5）响应因素

响应因素方面，三个滨水住区得分较为齐平。各住区内都具有相应的灾害预警、处理系统，但节水器具的普及率和节水意识有略微不同。不同住区有相应的管理措施，整体的意识和普及率还有待提升。

三个滨水住区 DPSIR 各因素得分如图 4-54 所示。

综合而言，滨河新苑的驱动力、压力、状态、影响因素评分都不高，响应因素评分尚可，表明滨河新苑在住区适水性方面其本身的自然资源状况和空间环境开放情况不佳，现今适水性状态较差，未对居民的日常生活产生相应的积极影响，但住区对住区适水性的相对响应政策较完备，提升了住区的整体适水性。海逸长洲恋海园本身的自然资源状况和空间环境状况较优异，有充分的水环境前提条件，可以有效地提升住区适水性驱动力和压力，但适水性状态得分较低，主要在水资源利用和水安全防控方面有所欠缺；住区整体对居民的影响较为积极，居民景观评价和生活评价得分都较高，住区对住区适水性的相对响应政策也较完备。海逸王墅的自然资源状况良好，拥有良好的水资源环境，但住区内部空间环境较为一般，建筑空间没有将水环境充分运用，适水性状态得分较低，在水资源利用、水安全防控和水气候效能利用方面都有所欠缺；住区整体对居民的影响较积极，居民景观评价和生活评价得分高，住区对住区适水性的相对响应政策也较为完备。

图 4-54　滨水住区 DPSIR 各因素得分图

5

适水性住区空间优化模式

5.1 适水性空间优化的概念、目标与原则

适水性空间优化是指住区空间与水环境为了实现和谐发展，在空间、资源、生态、景观等方面达到相互促进和反馈的状态。住区与水具有显著的耦合关系，主要体现在两者时间维度和空间维度的影响与协同。现阶段对水环境的研究，多从水资源角度展开，而各滨水住区规划是相对独立的，住区规划阶段较少考虑水环境对住区产生的影响以及住区对水环境充分利用下的规划提升，对城水耦合关系重视不足，可见水环境与住区规划设计是脱节的。

推进住区空间的适水性优化设计，要从水资源的集约和循环利用、水生态稳定和景观设计、水安全韧性和绿色基础设施、水气候适应的蓝绿空间和建筑布局优化四个方面入手，针对水对城的生态作用和价值进行提升，从优化建筑空间布局、朝向和建筑，改善滨水建筑界面，串联住区开放空间，塑造灵活滨水岸线等方面，提出优化设计策略，完善住区灾害应急机制等。

适水性住区发展模式应具有安全性目标、可持续发展目标、空间舒适性目标、滨水景观美学目标。为维持水资源的合理开发利用，实现城水协调的住区发展，在住区的适水性建设中可参照不同管理指标和目标值设定特定条件下的水资源承载压力水平，对住区水环境建设管理指标进行综合设定，还应结合新建类住区、更新类住区等有所侧重。同时，还可将相关数据纳入住区适水建设的评估管理指标，为规划建设的监督落实提供帮助。

在进行适水性住区的规划设计时，应该遵循如下设计原则：

① 住区的规划设计应满足水安全基本的需要，着重考虑住区内部各类生态环境要素与空间环境要素，建立水安全的基础设施系统与空间格局；

② 住区的规划设计应充分考虑水资源的集约利用，优化雨水资源的收集利用系统和净化系统，对住区内部各类水资源进行集约高效利用，使得住区实现水资源的可持续发展；

③ 规划设计应以人为本，住区空间设计遵循以人为本的原则，充分利用良好的水资源、水气候、滨水环境创造良好的住区微气候，以满足人的舒适性使用要求；

④ 水生态的规划设计应注重生态修复与可持续发展，强调水体与周边环境的协同作用。在规划设计中，应优先考虑水生态系统的保护与恢复，通过合理利用滨水空间，增强其生态功能与可达性。同时，规划设计应注重水生态环境与住区的有机结合，在确保水体健康的同时，提升其在社会、文化和生态方面的综合价值，促进人与自然的和谐共生。

在国家生态文明建设理念下，在寒冷地区滨水住区的规划、建设和监管中，应该做到生态为先、安全为基、因地制宜、规划引领、统筹创新。关注水环境和城市空间环境多要素之间的平衡，水体是滨水住区重要的自然资源和生态环境，应将其与滨水住区的空间环境、建筑布局、道路基础设施、绿色基础设施等方面进行同步规划，以适应改善水气候，传承创新水文化，塑造优化水景观，共享共荣水经济。目前越来越多的城市开始重视城市空间与水环境的一体化和系统化设计，相信在未来的发展中，更多的城市会重视城水耦合关系并逐步将其与空间规划设计相结合，重塑城市建设与水环境之间良性友好的整体关系。

5.2 水资源空间模式优化

水资源是人类生产生活的命脉，也是城市文明的源头。水资源在空间规划中占据重要地位。在国民经济发展和城市总体规划的编制工作中，必须将水资源整体条件与水利工程相结合；在布局重大建设项目时，需要考虑区域水资源及水环境对城市建设的承受力，保障城市的可持续发展。基于此，本书总结了基于水资源承载力的空间发展策略等。

5.2.1 耦合水资源的住区用地规模动态管控

生态文明理念引导的新发展格局下，我国城市已进入生态优先、环境友好、资源集约发展的新阶段。"以水定城"根据生态环境容量特别是水资源约束等因素来确定城镇开发的边界，目的在于防止城市的无序扩张，构建城市与生态资源间和谐共生的均衡发展模式。在寒冷地区等城水矛盾突出的地区，水资源是住区重要的自然和生态资源，因此在住区规划中除考虑住区景观环境、建筑布局等空间要素外，还应将水资源作为住区规模的重要约束条件。

① 从住区可供水资源总量出发综合确定城镇居住用地面积总量，实现水资源的合理统筹分配。一方面能够有序组织城镇中的各类功能设施，有的放矢地将水资源用于城镇生活中；另一方面节约水资源。从经济学角度看，这是对公共资源即水资源的有效、合理利用。诚然，仅从水资源单一视角进行住区用地规模的合理预测易以偏概全，住区规模的预测还应结合城市发展、环境保护等因素，以便更真实地反映住区规模的未来变化需求。

② 建立住区资源与规模间的动态联系，作为引导住区建设发展的管控依据。例如，"住区水资源平衡指数"和"住区水污染承载指数"两项指标能够有效反映住区用水量和水质的承载压力，可作为环境承载评估的度量指标，及时反映住区建设中潜在的水安全问题，从而保证住区与水资源、水环境间良性协调的整体关系。该关系模型一方面辅助对待建住区规模进行合理控制，另一方面也提供了优化现有住区水资源分配的指导依据。

5.2.2 依据平衡反馈指标设定住区适水建设管理目标

水资源利用情景下住区发展模式的预测结果，一方面能够检验当前住区规模是否处于水资源的合理承载区间，另一方面也为制定住区适水建设方案、水环境管理目标提供参考依据。适水建设是建立在广义水资源的基础上，不仅包括狭义水资源中的地表水和地下水，还包括一切可能被利用的水，如降水、土壤水、微咸水、淡化海水、再生水、区域外调水、虚拟水等。适水发展坚持以水定地、以水定人、以水定产、以水定城、以水定绿的用水模式，这种以供定需的节水型用水模式追求的是有质量的用水效率和效益，依靠科技进步、结构调整和合理布局解决水短缺情况下生产、生活、生态之"三生"协调发展，提升社会经济发展适应缺水的能力，实现社会经济永续发展。

5.2.3 提升住区水资源利用效率

社会的快速发展使得民众的生活以及各个行业的经营生产对水资源的需求量不断增加。如果在制定城市规划的时候，缺少对水资源的综合考虑，势必会导致水资源的过分开发和利用，最终会影响水资源的可持续利用，严重地限制城市或地区的可持续发展。城市规划中的水资源利用是针对城市或地区内的水资源进行合理的统筹安排，从根本上对城市或地区的水资源加以持续利用，推动城市与地区经济的稳定发展。

1. 普及水资源利用装置

为对雨水进行收集和利用，在进行住区规划设计时，应根据地形地貌特点，配备完善的雨水收集、处理、储存、回用等设施。为实现有效的雨水回收利用，需要构建合理的雨水管理系统，核心措施包括两方面：一是对雨水的控制和输送，二是对雨水的终端处理。前者指的是通过滞留、入渗等方式来减少雨水径流（图5-1），在大型屋面通过使用收集回用装置等方式储存雨水（图5-2），可用每千平方米硬化面积平均储蓄量等指标来衡量雨水控制成效；后者指的是处理极端降水条件下过多的雨水量。在住区规划中，这些措施因为不同的场地条件、土壤性能、地形坡度等情况而有所不同，但其宗旨则是尽量在雨水集中面附近处理雨水，减少终端雨水量。

普及节水型装置、器具。住区应根据城市居民生活用水标准，结合当地气候、经济、风俗习惯等，确定合理的用水量，加快普及水效等级为1级和2级的用水器具。其中，

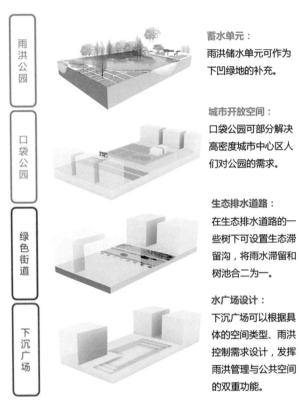

<table>
<tr><td>雨洪公园</td><td></td></tr>
</table>

蓄水单元：
雨洪储水单元可作为下凹绿地的补充。

口袋公园

城市开放空间：
口袋公园可部分解决高密度城市中心区人们对公园的需求。

绿色街道

生态排水道路：
在生态排水道路的一些树下可设置生态滞留沟，将雨水滞留和树池合二为一。

下沉广场

水广场设计：
下沉广场可以根据具体的空间类型、雨洪控制需求设计，发挥雨洪管理与公共空间的双重功能。

图 5-1　住区雨洪管理策略示意图

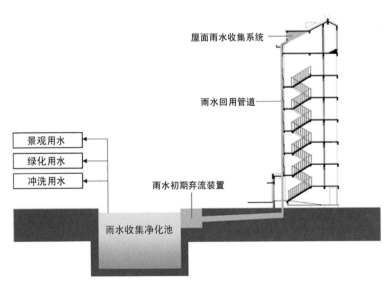

图 5-2　住区屋面雨水收集流程示意图

水效等级1级为节水先进值，代表节水器具行业内的领跑水平；2级为节水评价值，是我国节水产品认证的起点水平。《节水型生活用水器具》（CJ/T 164—2014）和《节水型产品通用技术条件》（GB/T 18870—2011）中对节水器有一定的说明，主要包含水龙头、便器、家用洗衣机的选用等。例如采用陶瓷阀芯片将比铸铁水龙头节水30%~50%；采用6 L及6 L以下的节水型坐便器；采用水温调节器、节水型淋浴喷嘴等。结合相关规范，大力推广使用节水器具，加快淘汰不符合水效标准要求的产品。从而达到提升住区整体水资源利用效率的目的。

2. 建设适水性住区绿地景观

住区绿地结合海绵设施建设。海绵城市，是城市雨洪管理模式的一种创新性、形象化的表述概念。"海绵城市"推进城市中绿色设施、植草沟、河流湖泊等"海绵体"的建设与利用，将雨水滞留在城市海绵体之中，促进雨水的下渗补给、雨水储存、雨水净化等，提升水环境的自然生态循环，减少地表径流与洪涝灾害的发生。住区设计应考虑增加雨水花园、植草沟等绿色生态设施，增强绿地的渗水、透水能力。因此充分利用雨水花园和植草沟等雨水集蓄系统对雨水资源进行收集与再利用，增强雨水资源的生态循环系统，减少人工干扰是未来住区适水性建设的必然趋势。住区的竖向设计中，应注重汇水分区的设计与微流域的区划，尽量利用自然排水，就近排水，使住区中的绿色设施具备多种韧性功能。

住区景观节水设计。住区内景观规划设计中应结合实际地理气候环境，考虑植物景观、水景观、人工景观等的节水设计。其中，一是对住区绿地景观以及屋顶绿化、垂直绿化等绿色设施的设置应结合寒冷地区实际气候环境考虑，相关植物的选择方面应避免选择难存活、高成本、低生态效益的物种，可选取如胶东卫茅、金叶莸等抗旱性与抗贫瘠性较好的植物。二是将景观水体与中水回用、雨水利用相结合，使景观水体兼具输水、储水、防洪调蓄等功能，不仅可保证景观水体的良好水质，而且有助于节约维护成本及雨水、中水管网的建造费用，缓解住区用水压力。三是改变传统住区的绿地灌溉形式，实施分区域灌溉。将不同灌溉形式纳入同一个灌溉系统中，如采用地上灌、浅层灌与地面灌、深层灌有机结合的灌溉系统，从而在确保植物群落自然生长的同时，避免水资源浪费。

3. 构建住区水循环系统

住区内应结合实际情况将雨水、污水收集设施与水资源储存、处理、回用等设施结合，形成流程完整、功能完善的水资源循环系统（图 5-3）。收集水资源的主要方式有屋面雨水收集、路面雨水收集、绿化雨水收集及生活污水收集，包括利用自然洼地、水塘或低势绿地进行雨水收集或采用专业的雨水、污水收集装置进行雨水收集。水资源储存可采用地下封闭调蓄池、地下雨水桶、地上封闭或开敞式调蓄池等方式，最佳的方式为地上开敞式调蓄池，即利用自然环境条件储存雨水。水资源处理有沉淀、过滤、消毒和自然净化等方式，包括植被浅沟与缓冲带、生物滞留系统、雨水土壤渗滤技术、雨水湿地技术、雨水生态塘等。其本质是利用生态系统中的动植物、微生物或专业的设备设施进行雨水、污水的净化、过滤。收集处理后的雨水、污水可以用于住区内多种用途，如回灌地下水、绿化消防、景观用水、冲厕清洁等。此外，在进行相关水循环系统建设时，也需要考虑适水基础设施的建设与住区整体规划系统相耦合。

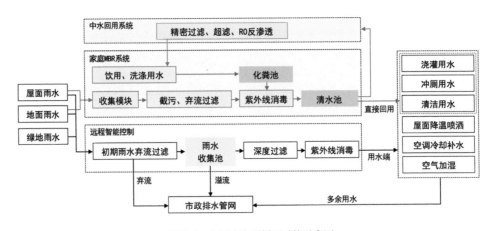

图 5-3　住区水资源循环系统示意图

4. 构建因地制宜的用水场景

例如，海水淡化水具有水质良好、可供饮用的特征，但生产成本较高，建议将其作为市政自来水的补充或替代资源，以满足居民日常生活饮用、工业生产纯净水取用需求为主。将再生水和雨水收集利用水应用于绿化用水、景观用水、生活冲厕用水，以及道路用水、工业用水等场景。我国工厂在工业生产过程中需要消耗大量水资源，同时也会产生部分工业废水，这些工业废水一般不能直接排入河内，一般处理方式是在工厂内收集处理。经过沉淀过滤等一系列净化操作之后，可除去其中大部分杂质，但是此类水资源中还会存在部分金属杂质。因此此类水可作为工业回用水使用，工业回用水可用于工厂各部门生产中。在使用此类水时，需要根据各部门实际情况和生产性质合理分配水资源。污水经过一系列沉淀过滤设备处理后状态会发生改变，由原本的颜色发黑、味道发臭变为清澈透明且无味，并且水质也符合相关的食用合格标准。但由于水中可能还存在部分对人体有害的物质，所以不能作为饮用水直接饮用。可将净化后的水资源用于市政公益项目，如灌溉城市道路两旁的花草树木等，在提高了水资源的利用效率的同时还促进了城市绿化的发展。

5.2.4 减轻住区水资源污染压力

随着经济的发展，城市硬质化地面增加，地面渗水性变差，城市降雨大多通过雨水井排入河道，加之雨污分流不彻底，导致雨水被污染。为应对城市严重的水资源问题，因地制宜地实施渗水道路修建、区域水体涵养、生态过滤、城市建成区域雨洪管理等工程，实现雨洪水资源的净化、过滤、存蓄、回用，以及水资源的分类高效使用，提升水资源的利用率。

1. 建筑与硬质地面的合理配置

住区规划设计中，应注重住区单体建筑与住区景观硬质地面、消防硬质地面、活动场地硬质地面的集约高效布局。由于住区硬质地面的占比直接影响地表径流污染总量，所以住区规划中除了在硬质地面选材中选用低影响、高透水率的材料外，还应在住区平面布局中选取景观利用性强、功能可达性高的室外铺装路径结构。与此同时，应结合住区单体建筑或水资源循环利用装置等来布置住区公共服务设施，最大限度地控制住区用地面积，避免低效铺张的低利用率住区布局。

如利用绿色街道提高城市透水率（图5-4）。将低影响开发理念落实到街道雨水管理实际工作中，作为城市雨水排放与降低径流污染的可持续途径。利用植物、土壤等自然元素将人行道和街道路缘石之间的区域以及道路扩展区等区域改造成集截流、减缓、净化、收集、渗透雨水于一体的雨水管理系统。采取这些措施，力求在缓解暴雨洪水问题的同时，为城市创造更多绿色空间。

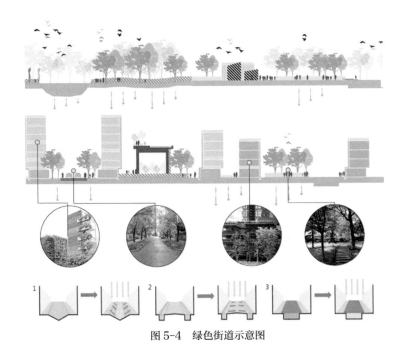

图 5-4　绿色街道示意图

2. 用水、排水设备与管网的高效布局

住区规划设计中应注重住户用水、排水设备与住区水管网的合理配置，充分利用现状地形地貌以及建筑布局，在基本满足景观设计需求的基础上，衔接整体建筑与场地的竖向排水设计。住区中的污水来源主要是居民的生活污水，对于污水回收利用设备，需要结合市政规划的布局统一规划。

3. 雨污消解方式的多样化运用

住区规划设计中应注重引入管网、自然渗透、生物滞留等复合形式的水污染消解机制（图 5-5）。城市住区内的地表水较少能通过自然生态手段消解，绝大部分地表水是按照竖向工程设定的排水方案通过管道排放，排水较为粗放，城市内涝因此更容易发生。住区暴雨内涝的处理不应局限于简单通过工程坡度和雨水井、排水管进行消解，而应积极改变消解方式和雨水的空间流向。由单一外向型排放向复合内向型吸收转变，减轻住区对排水管网的依赖。并通过微地形的处理，化整为零，打散雨水消解单元，在灾害发生时，不仅能够通过多种方式吸收、储存、排放雨水，甚至做到一定程度的滞洪，实现有效的分时段排水，以满足住区水安全韧性要求。

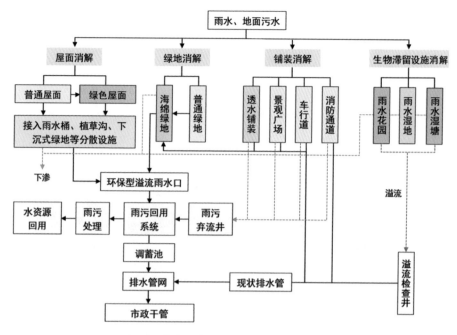

图 5-5　复合形式的住区水污染消解机制示意图

5.2.5　推进节水型住区的规划管理政策落实

住区景观用水的主要来源是自来水、地下水及中水系统。不透水的铺装和低于绿地标高设计的路面不能将雨水径流渗透利用，南方雨季雨量大，如若不能够对汇集的雨水进行及时的清理，会影响人们的生产生活，严重时会发生一定的安全事故。北方城市降雨量相对南方城市少，夏季炎热时蒸发量大，用水多、消耗快。

人类对大自然一直有着不可抗拒的向往，人们本能地想接近绿地和水。随着我国社会经济的发展与人民物质生活水平的提高，人们对于精神文化的需求不断增长，同时对住区的活动场所和景观环境也提出了更高的要求，于是形成了各类亲水空间、绿化景观，这无疑增加了住区用水压力。人们精神层面的需求与城市可持续发展之间的矛盾加剧。各种盲目增加水景的设计忽视了生态效益，大量地消耗水资源，加剧淡水资源的紧张，也不能减少内涝的压力，这些都是与可持续发展的观念相悖的。然而，雨水是重要的水资源，对此有关部门缺乏足够的重视，社会公众缺乏足够的认识，直接影响雨水利用措施在住区环境中的普及与应用，雨水利用措施与景观设计结合更是难上加难。

2019 年国家发展改革委、水利部印发了关于《国家节水行动方案》的相关通知，强调了大力推动全社会节水，全面提升水资源利用效率，形成节水型生活生产方式。住区作为直接影响城镇居民生活用水总量的城市用地，应加强落实规划管理层面的节水措施。结合寒冷地区气候、经济、风俗习惯等，制定合理的用水量，强化居民节水意识，杜绝超额用水的情况发生。

在进行城市规划设计工作的时候，针对水资源的规划主要集中在供水保障系统方面，而对于水资源的供应能力以及水资源生态问题缺少基本的重视。就水资源的供应方面来说，不但要重视对水资源的需求，而且要重视地区水资源的分布、可利用水资源量以及未来水资源的开发能力与需求的适应性。城市和地区之间的水资源储备情况存在一定的差异，部分城市处在水资源丰富地带，区域生态环境灵活性较强。部分城市所处的地区水资源储备十分匮乏，往往需要依靠大范围的区域调水才能保证地区充足水供应。所以，城市规划务必要切实地实施水资源论证，这对于保证城市规划制定的效果是非常有助益的。水资源利用在城市总体规划的层面一般有相关指标的规划，在落实上还需要中观层面的衔接，这需要水利部门、规划部门和其他相关的部门一同合作，制定相关的协同规划策略以指导实施。除需要承接总体规划中对水资源集约利用的相关要求外，还应关注自然水体保护与治理、雨水收集与循环利用、生活污水净化与回用等具有落地性的策略方向。其具体措施制定建议从以下方面入手。

1. 加强节水宣传

住区应充分调动居民的节水积极性，通过公众号、海报、手册、定期活动等形式开展节水宣传。提供居民用水信息查询和统计服务网站或 APP，引导居民对自身用水量进行主动监督管理。在住区中推广水资源回收和再利用技术，鼓励居民参与雨水收集、中水回用等活动，提高住区整体的节水水平。

2. 实施节约用水奖惩管理规定

住区应针对其自身特点制定细致、确切的居民节约用水奖惩管理条例。可参考 SD 模型中用水量预测方式设置定期用水量控制标准，对节约用水的住户或个人进行表彰和奖励，对用水量大、用水异常等的住户进行提醒警示，并加强对违规浪费行为的监督和处罚。

5.2.6 构建水资源承载力模型及测算

2014 年 3 月，我国提出了"节水优先、空间均衡、系统治理、两手发力"的水利发展思路，将"空间均衡"作为重大发展理念。2020 年，自然资源部组织编制了《资源环境承载能力和国土空间开发适宜性评价指南（试行）》。我国目前资源环境承载力的研究思路已经从单一要素约束转变为多要素协调约束，水资源作为其中的重要评价要素，更需要与其他要素相协调。空间均衡在治水方面扮演重要角色，水资源的空间均衡评价有助于确保水资源在城市未来发展中发挥最大效用。

通常，在某些水资源储备量较少的城市或地区，如果不能对水资源的供应能力进行综合考虑，而是单纯地进行大规模的开发利用，最终可能会导致水资源匮乏的问题越发严重。部分城市或地区水资源污染问题十分严重，如果对于高能耗，高污染的问题不予关注，必然会对地区生态环境的发展造成一定的损害。所以在编制城市规划的时候，为了保障城市或地区经济发展应首先保证充足的水资源供应，这就需要工作人员对城市产业的布局以及水资源供应能力加以全面掌控，从根本上规避城市或地区水资源开发造成的不良影响，确保水资源能够可持续利用。

构建城市或地区水资源承载力相关模型。根据收集的数据，测算地区规模、技术水平等，分别对水资源承载压力、集约用水能力及集约用水潜力问题进行总结。另外，通过对城市现有水资源的人口承载力、生态承载力及经济承载力进行计算评估，保障人地协调性、人水协调性等，合理调整人均建设用地控制指标，按照需求导向、供需匹配的原则对水资源进行统筹安排，同时确定污水处理设施和排水设施的规模以及布局，结合水资源承载力测算，作出对污染分布情况的预测与治理。

对水资源空间规划方案进行动态监测。住区应建立水资源实时监控、资源优化配置和节水信息管理系统，完善用水信息统计、报告制度，以实现住区用水的有效管理和控制。评估涉水空间规划设计方案的实施程度，包括水灾害防控指标的完成度、执行的变化度以及设计目标的实现情况等，以修正规划设计方案以及确定后续行动方案。从管理角度来说，在可行情况下设立节水管理委员会，负责制定和监督执行节水计划和措施，住区居民和物业公司代表可组织召开会议，讨论和解决节水管理中出现的问题。

5.3　水生态空间模式优化

水生态系统是生态系统的重要组成部分，是人工生态子系统与自然生态子系统交互作用所构成的协同统一整体，其中的人工生态子系统、自然生态子系统均与水生态系统保护及修复有关。进行水污染防控，控制污染源，并对已经造成的水污染积极采用水生态修复技术，达到保护水资源、优化水质的目的。随着全球气候变化的加速，城市中人工环境与自然环境之间的矛盾也愈发突出。寒冷地区的气候条件造成水生态系统韧性较低、季节性雨洪灾害风险较高等问题。加之过去多年的高强度开发建设，以及气候变化过程，该地区出现了水资源匮乏、水生态脆弱、水循环不畅、水环境不合理利用以及水灾害发生频率增高等问题。因此，生态用水、生态开发水环境是寒冷地区适水性城市空间规划的重要导向。具体可依托以下几种优化策略。

5.3.1　塑造灵活曲折的滨水岸线，提高驳岸亲水性

水体具有灵动、自然的特性，而岸线的形态对整个水景环境具有奠定空间感受基调的作用。结合场地周边环境，对岸线进行合理化处理，能够使水景形态更加具有层次感，且曲折多变的岸线形态也会使人在水边游憩的过程中拥有独特的体验（图5-6）。亲水性指人可以接触到水的可能性，人与水之间的物理和心理距离越小，亲水性越好。与水亲近是人类的本能，人在观水、戏水的过程中可以感受到愉悦。而在滨水景观中，人对亲水性的要求也很高，而驳岸是最能体现亲水性的景观元素。传统冷硬的驳岸处理很难满足人们对水的向往，且对滨水空间的亲水性改造可以提升滨水区景观的利用效能，提升居民的生活幸福感，所以要对滨水区驳岸进行亲水性优化（图5-7）。

对于已有的硬质驳岸不可随意更改的区段，采取的改造方式包括：一是可以局部破开损毁的栏杆，加建外凸式石栈道，使其成为亲水平台；二是在过于平直的硬质岸线区段可以适度采用植物柔化边线。对于绿地内自然驳岸处，注意植物的搭配及选择，兼顾固土能力和观赏性，合理种植，保证视域效果良好，使其成为冷硬岸线中的亮点。对于较为自由的缓坡式岸线，可以通过美化堤岸墙，以及加设景观箱等方式增加绿化，

或在一些地段，根据需要，增设二级亲水平台。对于亲水驳岸的营造可以参考国内外成功的实践案例，比如韩国首尔清溪川修复工程，它通过亲水性改造，为居民提供了一个可看可游的开敞空间，同时也改变了场地周边的气候条件，使得水气候的影响可以蔓延至城市周边地区。

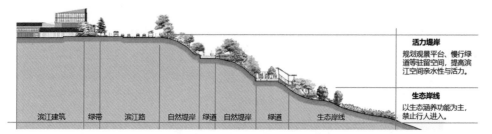

图 5-6　生态岸线规划示意图

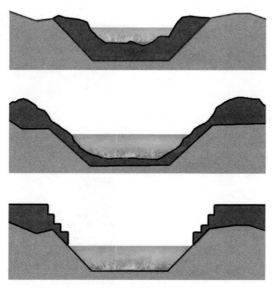

图 5-7　生态岸线设计过程示意图

5.3.2 有机串联开放空间，建设生态水景观

住区内部开放空间的布置，需要从住区内部自身开放空间和滨水开放空间两个主要方面思考。水景观的效能应该根据水体条件进行设计，对于内部拥有水体的住区应该充分利用水资源，考虑水体空间与住区适水性基础设施和绿色基础设施的有机结合。在住区的水景观与空间的适应性设计中还应综合考虑水体的性质、尺度、形态等内容来制定具体的设计策略。可以考虑住区的适水性基础设施、绿色基础设施与规划水景观的结合，住区内部在设计新水体时应考虑其与原有水体的联系，形成良好的活水景观，减少对水生态的破坏与干扰。还可以通过住区内部水体的连接，串联住区各开放空间，构建住区开放空间体系。

图 5-8 德国慕尼黑伊萨河滨河公园景观

图 5-9 德国慕尼黑伊萨河滨河公园的生态友好设计

在水景观利用方面，应考虑可以形成的景观节点与视线通廊，充分利用城市的地形地貌，例如在山地区域或者丘陵地区可以考虑山水景观的融合，形成显山露水的生态水景观格局，控制景观视廊周边的空间容量与开发强度，进行山、水、城景观的一体化有机设计（图 5-8～图 5-10）。

另外，应该注重廊道体系的设计，包括道路廊道与景观廊道。注重廊道与开放空间的结合设计。在开放空间的设计上，要注重

图 5-10 德国慕尼黑伊萨河滨河公园的生态化景观

与适水性基础设施的联合设计，适水性基础设施类似于生态城市设计中的"生态基础设施"或者"绿色基础设施"，不仅包括传统的排水设施、湿地、森林等，还包含地下集水单元、屋顶集水设施、绿道、景观廊道、雨水花园等，将这些要素结合起来，形成有机而网络化的适水性基础设施系统，该系统不仅可为野生动物迁徙和生态过程提供起点和终点，还可以保持住区内部良好的生态环境，保障住区空间的生态本底，保持水土平衡，通过存储雨水，促进雨水下渗与净化利用。在空间容量上，要根据适水性与其的相关性满足一定的绿地率指标要求，从而达到住区的水资源"滞留"与循环利用的目的。

5.3.3 组织多层次滨水植物配置，优化住区生态格局

住区滨水区的植物配置要考虑水气候对住区内部的影响，合理且多样的乔木、灌木、地被配置方式，在美化滨水景观环境的同时，形成稳定的植物群落。按照住区空间中主导风向在滨水空间中的走向，从迎风面到滨水住区内部在空间上按照高、中、低三个层次对植物加以组织。高的层面上将高大的常绿针叶树密布于迎风面上形成遮挡；中的层面上利用近地生长的松柏对空间环境中的风速加以调节；低的层面上通过草坪保持空间温度，通过这样的布置使得水环境对滨水住区内部的气候效能最大化。

5.3.4 绿色基础设施结合生态植被，增强雨水生态循环

结合生态植被要素进行绿色设施配置，可以在最大限度地降解雨水中的污染物，净化水质，保障适水安全的同时，促进雨水资源的集约与循环利用。

规划与中心绿地和组团绿地结合的雨洪管理设施时，处于边缘空间的公共绿地景观均好性不好，但可以实现住区公共绿地与城市绿化用地共享，实现居住环境功能的完善与城市绿地可持续发展的共赢，但对于住区的雨洪管理改造，因绿地位置，需要综合考虑全区绿地的数量与分布情况以及改造成本问题，再对该绿地空间进行雨洪管理功能定位；处在中心的公共绿地具有良好的均好性，能将周边不透水地面的雨水以较小路径汇集。

围合式布局的绿地空间具有庭院的特点，将公共绿地的空间与宅旁绿地空间相结合，景观均好性较好，同时使得建筑毗邻绿地面积较大，但空间利用效率低于集中式中心绿地。围合式布局的绿地空间长宽比接近，没有方向性。在具有中心绿地的布局中，可依靠中心绿地空间连接各组团绿地，但若无中心绿地，各组团绿地缺乏联系，在雨洪管理中应设置绿地间的连接性设施，如植草沟、渗渠等（图5-11）。

图5-11　植草沟

5.3.5　水生态复育，抵御生态退化

住区内的水体是收集利用场地内雨水径流的重要场所。为了防止雨水径流在收集过程中遭受污染，使其水质遭受影响，可以通过采取乔灌木组合的方式来达到净化雨水径流的目的，利用草本植物与卵石、碎木屑等覆盖物，以及滨水湿生与水生植物组成的三级系统对雨水径流中的污染物进行过滤，收集具有利用价值的雨水。在住区景观中，往往会通过修建人工水景来达到美观装饰的效果，人工水景相比自然水景而言，修建规模相对较小，通常设为不透水结构。雨水的可持续利用上可通过直接接收储存降雨来对雨水进行收集利用，将其作为造景水源。

5.3.6　建立完善的污水再生回用系统

根据《全国水环境容量核定技术指南》构建防控体系，明确阶段任务。依据城市整体需求，从源头减量、过程控制、末端治理三个阶段执行水污染安全防控任务。在源头阶段，加强对点源污染的防控，走访摸排、封堵污水直排口，设置截流干管、控制污水汇入水系，减少生活污水的不达标排放，控制城镇生活污染源。针对雨洪污染，削减合流制的溢流污染和强降雨时期的雨水污染，在水系两侧的生态绿带中设置绿色基础设施。结合城市、片区、街区、地块与建筑单体尺度的再生水回用，构建城市污水收集、污水处理、再生水回用系统，设置串联、并联系统以达到最大回用率。无害化处理城镇生活污水。改造生活污水管网、提升污水处理厂效率、推广再生水使用，将经过无害化处理的城镇生活污水用于景观植被灌溉、补充景观水体、补充市政用水。

生物滞留地是对雨水径流进行滞蓄、渗透、净化的生态基础设施。它运用植物、土壤和微生物等的自净能力，在地势低洼的区域营造，一般分简易型和复杂型两种。暴雨时未被渗透利用的雨水径流和不透水地面汇集的雨水将流入生物滞留地，滞留池中的植物及土壤逐步将汇集的雨水净化，浅表层雨水被土壤、植物根系吸收并继续下渗至地下，补充涵养地下水源。滞留池应尽可能低浅，坡度应设计得低于0.3，这样的坡度利于植被生长，并且可安全方便地进入池中维护。住区内生物滞留池应进行小规模的点状布置，应考虑雨水通过建筑的径流，以及通过道路与绿地的地表径流等；有时汇水区受到严重污染，雨水应经过简单的预处理再汇入滞留地内；滞留地中设置溢流管、溢流口等，输送排放多余雨水。

需要注意的是，生物滞留设施低价高效，适用范围广，有很强的景观适用性和排水控水能力，与其他设施相比具有很大的优势，非常适合作为住区内建筑旁、道路周边及停车场内等区域的绿地；在地下水位较高、土壤渗透能力较弱、土壤承载强度不足、地质松散的地方，要经常进行维护，采取相应的措施防止灾害的发生。

植草沟是对雨水径流进行汇集、输送和排放的地表沟渠，被一定植物覆盖，植物在雨水流经的整个过程中对雨水有净化作用，还可以用作其他设施管道和相关设备之间的连接物。可分为运输型植草沟和渗透型植草沟两种，渗透型植草沟又分为干式和湿式。一般的植草浅沟剖面有多种样式，如倒抛物线形、三角形和梯形。植草沟优点众多，如建设维护费用低，自然生态，可以展现野草之美。但在已建成的旧区或经高度开发的住区等场地，易受场地条件制约，其建造存在一定难度。植草沟的维护方式简单便捷，需要注意及时补种和修剪植物，清除沟内的杂草；当汇水面的径流不能很好流入进水口被收集时，则应增大进水口的尺度，或将进水口稍微向下压一点；进水口的冲击力如果过大，可能会造成水土流失，这时需要进行缓冲设施的设置；当管道内的沉积物过多，会造成堵塞，这时应及时清理，保证水流通畅。

绿色街道采用不同类型的雨水景观利用设施，将雨水管控与道路景观融合，其实质上也是一种带状形式的雨水花园，其在完成对街道本身产生、积蓄的雨水主动管控的同时，要对街道一侧或两侧建筑接收的雨水、生成的雨水径流进行主动管理。其中屋顶花园和建筑绿墙的雨水景观设施要素，对建筑收纳的雨水和屋面的雨水径流进行渗透，多余的雨水或溢流至雨水植物种植池，流经路面的雨水径流通过开口道牙或进水口汇入雨水花园。在屋面汇集的雨水径流与地表径流受到街道坡度的影响，流入低势区域，汇入收集池后先通过第一个储水池（由水生植物和碎石构成）经碎石过滤掉较大的污染物，另一部分通过植物自净能力得到净化，多余的雨水则溢流至下一级水池，雨水流经多个储水池，被植物层层净化，最后超出收集池容量的雨水将通过排水篦子进入市政排水管道，从而实现回用。

5.4 水安全空间模式优化

5.4.1 流域安全系统协同与补水策略

1. 流域安全系统协同

近年来，频发的洪涝性灾害暴露出当前城市建设模式与雨洪安全保障能力之间的矛盾，需要探讨新的理论与方法来优化两者的关系。传统上以使用防洪基础设施或景观生态设施为主要手段解决雨洪安全问题，已不能满足当今的需求。建立不同因素之间的协同关系，是未来发展方向。基于此，"多规协同"理论被提出。该理论强调在国土空间规划背景下，不同规划内容不能只在空间上相协调，更重要的是能实现共同的雨洪安全目标。它为国土空间雨洪安全格局构建提供理论框架。它主张识别各安全要素，通过强制和引导机制建立它们与国土体系的内在协同。为了解释和检验该理论，将万载县县域规划选作为案例进行探讨，旨在提供新的思考和依据，助推国土空间雨洪安全格局的构建。

基于"协同"理念构建雨洪安全格局，不能被视为在国土空间规划中单独增加一个设计流程。实质上，应该将雨洪安全目标和思想融入各规划要素之中，形成各要素与雨洪安全目标的内在联系。即不应该将雨洪安全格局独立设计出来，而应融入国土空间各要素的设计和构建中，从而形成各规划层面与雨洪安全目标的有机整合。

要实现国土空间雨洪安全格局构建的目标，需要具备以下两个基本条件：第一，识别出各空间范围内的主要雨洪安全要素；第二，在强制性约束和引导性联动两个层面，建立这些安全要素同国土空间结构、资源环境用途和空间支撑体系等要素间的内在协同关系。这样有助于在不同空间尺度上落实雨洪安全目标，最终形成相应的雨洪安全格局。

由水构建的诸多流域，是区域自然、经济、社会持续发展的空间载体，是有机联系、密不可分的统一整体。水流蜿蜒曲折，是流域内不同地理单元与生态系统之间联系的重要纽带。因此，越来越多的水环境污染和生态破坏，常常以流域性的形式表现出来，问题症结和表象的空间分布往往并不一致。在过去，生态环境治理偏重于落实行政区域责任，以流域为单元进行总体谋划，这种治理模式只能在一定的行政范围内起作用，难以顾及全流域的整体性与系统性，这在一定程度上导致了流域产业结构和空间布局不够合理，流域生态系统面临功能退化等问题。

而现在的治水，要从流域性入手依靠"系统"思维解决当前问题。理解系统思维，要紧扣"山水林田湖草沙冰"系统治理的科学理念。应注重流域性的要点——明确长江、黄河等七大流域及东南诸河、西北诸河、西南诸河等三大片区重要水体水生态环境保护要点（图5-12）。同时按照五级管控体系（第一级是全国行政区这样的区域；第二级是重点流域，用流域代管覆盖了各个边边角角；第三级是重要水体以及汇水范围；第四级是重要水体的控制单元，即按照小流域划分而成的管理单元；第五级是行政辖区），即通过国家、省、市、县各级行政单位，把流域保护的责任层层分解到各

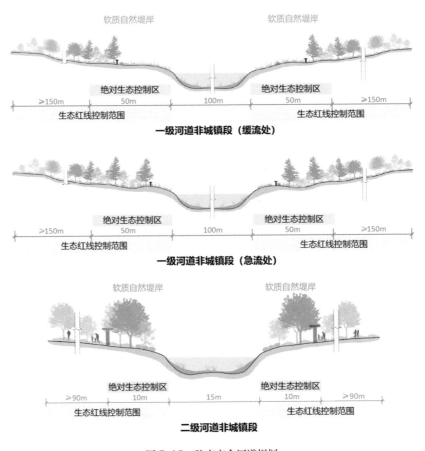

图5-12 防灾安全河道规划

级行政辖区，最小的层级在乡镇和街道办事处。如此一来，五级管控体系两头都落在"行政区"，中间是流域，这就体现了流域统筹、区域落实的工作理念。

因此，新时代的治水护水，就是牢牢把握住"山水林田湖草沙冰"这一系统理念，将我国的大江大河划成七大流域三大片区，从时间、空间上分类施策，让河流流经的每一片土地都吟唱出生命的畅想曲，让河流奔腾的每一个时刻都奏响动人的生命乐章。

2. 区域补水策略

（1）滴灌

滴灌是利用塑料管道将水通过直径约 10 mm 毛管上的孔口或滴头送到作物根部进行局部灌溉，水的利用率可达 95%。

滴灌具有以下优点。

① 节水、节肥、省工。在灌溉时，减少水分蒸发，提高了水的利用率，同时化肥与灌溉水结合在一起，提高化肥利用率。滴灌系统仅需要人工或自动控制阀门，节省劳动力。

② 可控制温度与湿度。滴灌在灌溉时进行局部微灌，滴头均匀缓慢地向根系土壤层供水，而大部分土壤表面仍保持干燥，它在保持、提高地温，减少水分蒸发，降低室内湿度等方面均具有明显的效果。

③ 保持土壤结构，并形成适宜的土壤水、肥、热环境。

④ 提高品质，增产增效。

目前滴灌技术主要运用于我国西北地区的农业，由于节水的优势，滴灌技术正在不断地普及，促进西北部农业得到发展。当然目前滴灌技术还存在一些局限，灌水器易发生堵塞是最主要的问题，这会引起盐分积累，限制根系的发展。需要不断改进滴灌技术，为缺水地带的农业带来福利。

（2）暗管排盐

暗管排盐是一种盐碱地改良技术，是通过在地下一定深度埋设暗管的方式，结合灌溉或者降雨淋洗，将土壤表层、土壤盐分溶解并通过暗管排出，以达到降低土壤盐碱含量的目的。暗管排盐能够迅速排出土壤中多余的盐分，有效控制地下水位，并可结合灌溉和降雨，淋洗暗管上层的土壤。

暗管排盐具有以下优势。

① 暗管排盐相比明沟排盐的优势：暗管排盐代替明沟排盐，节约了土地，增加了可耕作面积，提高了土地利用率 11%~20%。

② 控制地下水位：暗管排盐有效控制地下水位，防止灌溉区域的二次盐碱化。

③ 提高农作物的产量。

④ 施工简单，成本低：排盐暗管由专业化开沟铺管机铺设，铺设效率高，成本低，易于推广。

⑤ 保养维护成本低：暗管代替明沟，省去了明沟坍塌的维护成本。

⑥ 实现农业机械化作业：暗管代替明沟之后，不会妨碍地表农业机械的施工工作，有利于农业机械化的推广。

⑦ 实现"旱可灌，涝可排，土壤盐分可调，地下水位可控"的高标准农田目标。

5.4.2 雨洪调蓄能力识别与安全管理

1. 住区雨洪调蓄能力识别

在水安全防控方面，需要通过良好的设计策略及空间适应性设计满足水安全防控的需要，减少洪涝灾害等水安全相关灾害对住区的影响。面对暴雨灾害，应在城市雨洪韧性评价体系的指导下，结合滨水住区水资源现状、交通区位、排水区界、配套设施等级等要素，对住区的雨洪调蓄能力进行具体、细致的评估，确定径流总量控制和径流峰值控制目标，为后续进行空间环境与设施改造提供科学依据与指导参数，根据年均降雨量，提升暴雨重现期地面积水、雨水管渠等对应标准。同时住区还可以结合城市体检等工作，进行"一年一体检，五年一评估"的摸底监测，动态把握住区雨洪风险级别与调蓄能力，根据实况制定住区水安全韧性提升策略（图 5-13），并进行绩效测评和监督反馈。

2. 雨洪韧性安全管理

对于住区雨洪韧性的管理而言，于内要做到对雨水以吸收、储存、再利用为主，而这一部分的处理不应局限于简单通过工程坡度和雨水井、排水管进行消解，而应积极改变消解方式和雨水的空间流向。由单一外向型排放向复合内向型吸收转变，减少住区对排水管网的依赖。进行微地形处理，化整为零，打散雨水消解单元，统筹协调场地内竖向设计，不仅达到住区的基本水安全韧性要求，还最大限度地承担个体在区

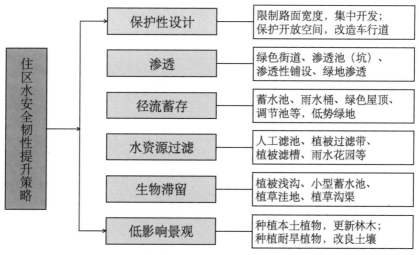

住区水安全韧性提升策略	保护性设计	限制路面宽度，集中开发；保护开放空间，改造车行道
	渗透	绿色街道、渗透池（坑）、渗透性铺设、绿地渗透
	径流蓄存	蓄水池、雨水桶、绿色屋顶、调节池等，低势绿地
	水资源过滤	人工滤池、植被过滤带、植被滤槽、雨水花园等
	生物滞留	植被浅沟、小型蓄水池、植草洼地、植草沟渠
	低影响景观	种植本土植物，更新林木；种植耐旱植物，改良土壤

图 5-13　住区水安全韧性提升策略

域内的雨洪责任。于外则要做到合理引导外排的雨水，在区域范围内将其进行分流调蓄，遵循由低调蓄能力街区流向高调蓄能力街区的原则，待住区达到雨洪调蓄上限时，超出的雨洪进入上层级规划单元后，利用市政管网或地表排水设施将雨洪转移至其他潜力较大的单元进行缓冲与暂存，降低区域整体在雨洪峰时所受影响，从而在个体超载的情况下实现区域整体的平衡。

5.4.3　绿色基础设施强化设计与应用

通过住区雨洪韧性实证研究可以看出，雨洪韧性主要在雨水的下渗、径流以及排水三个阶段发挥作用（图 5-14），而绿色基础设施属于重要的水安全工程设施，它的设计与应用可以直接或间接地影响雨洪韧性。绿色基础设施可以在暴雨发生时，通过及时的雨水收集下渗、植物的滞留、本身的吸收存储等，减少城市地表径流，减少洪涝灾害的发生，同时立体的绿色基础设施还可以将雨水拦截在空中，减少向地表的汇聚，比如建筑屋顶绿化、垂直绿化等均可以起到相应作用。因此住区设计应该增加雨水花园、植草沟、屋顶绿化、垂直绿化等绿色生态设施，充分利用屋顶花园和植草沟雨水集蓄系统对雨水资源进行收集与利用，增强雨水资源的生态循环系统，减少人工干扰，增加地下水资源的补给，保障适水安全，同时优化雨水资源的集约利用、水质净化及循环利用。

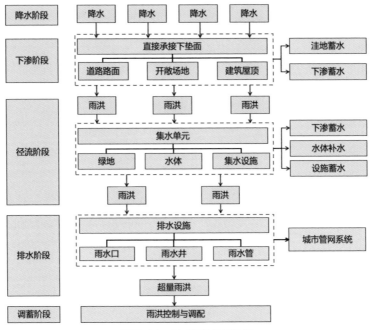

图 5-14　住区韧性作用阶段

在基础工程设施方面，首先应该对住区内进行较为详细的基础物质空间调研，梳理坡面与沟道等基本单元的地表微流域环境因素，确定具体的集水区与地表雨水路径，从而对城市微流域进行良好的划分，可以较好地为住区的用地布局以及住区设计中的竖向设计提供数据与技术支撑。基于以上对住区所在区域的流域划分和雨洪分区，使用 SWMM 软件对居住区的雨洪情况进行模拟分析。首先，通过不同微流域分区，进行洪水水位和径流量的模拟。其次，根据模拟结果，指导住区层面的用地和建筑布局，使得住区更好地遵守水安全防控的原则与实现其目标。在住区的竖向设计中，应注重汇水分区的设计与微流域的划分的结合，尽量利用自然排水，就近排水，同时还应尽可能地增加住区蓄水"海绵体"，减少地表径流。应将海绵体的设计与开放空间系统进行良好的结合，提高住区绿地率，提高地表透水面积比例，比如设置透水的停车场，同时还应积极结合水体条件，增强住区排水、储水、蓄水与渗水的综合能力，最终实现住区水安全的防控（图 5-15）。

1. 植入绿色基础设施软化下垫面

住区设计要通过植入绿色基础设施，实现下垫面的软化来增加场地下渗与雨水收

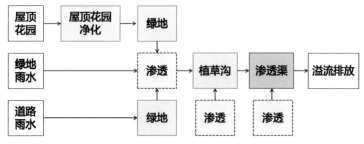

图 5-15　雨洪径流示意图

集，主要内容包括采用透水铺装结合生物滞留设施（如草本植物、微生物土壤等）的设计，而这类设计一般是指植草砖等铺装类型，植草砖通常被用于小型场地或停车场，其由混凝土、河沙等材料压制而成，抗压性较强，稳固性也强，绿草可以由砖石中间预留的孔洞中伸出，但根部保留在砖石下方，因此不易遭到破坏（图 5-16、图 5-17）。植草砖将场地铺装与绿草结合在一起，保留了承载人车行能力的同时，提升了集水蓄水的水平，可以显著增强场地雨洪韧性，同时还可以有效地控制地表径流和附带的污染。还包括设计屋顶绿化，屋顶绿化是一种非常有效地收集雨水、改善微环境的绿色生态设施，其改硬质空间为绿化空间，创造多层次、复合式的绿色空间。现代的保水性绿色屋顶更具科学性与韧性，在屋顶结构上精心设计了景观系统，并结合了全尺寸灌木丛和树木等植物配置，下层土壤或生长介质/基质层通常为 300~1500 mm，配以芯吸土工布和专用芯吸筒进行被动灌溉，可以保证屋顶水系统的循环往复（图 5-18、图 5-19）。

2. 优化绿地及水体集水单元

布置高效的绿化集水设施，如雨水花园、植草沟等来提升单位面积绿地的雨洪管理效率。其中雨水花园是较为典型的，也是效果最为显著的节点、场地类雨水管理设施。一般雨水花园都会结合住区的生态绿地或是组团中心绿地来布置，在提升雨洪韧性的同时，还能够满足人们活动以及景观塑造的要求（图 5-20）。植物配置也对雨洪韧性有较大影响。在配置植被时需要根据功能及景观需求选择不同类型的植被进行栽植，形成良好的植物搭配以满足雨洪韧性最大化的要求。无论是植草沟、雨水花园，还是行道树、绿池都需要选择符合当地土壤与气候特点且耐水性强的植物来进行结合性栽植，令雨水可以被有层次地吸收。

图 5-16　住区透水铺砖示意图

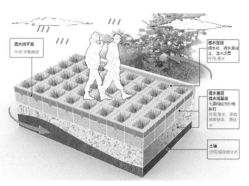

图 5-17　透水铺砖结构示意图

图 5-18　新加坡绿色屋顶实景

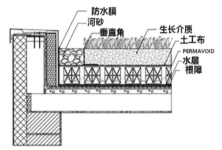

图 5-19　保水性屋顶绿化

图 5-20　新加坡榜鹅新城社区生态绿地

除此之外，水体可以直接吸取地表径流，所以做到水体与绿色基础设施良好的结合，可以有效削减径流（图 5-21）。有内部水体的住区可以利用内部水体与管网连接模式，形成地表水体通道，减少上级子排水系统的压力。另外应对水体单元的形式进行优化，住区地表水体往往有水池、水塘、湖泊、河流、明渠、湿地等多种形式，而雨洪韧性效果最佳的，往往是与环境、生物结合紧密，具有较好生态效应的水体形式，它无论是在雨水吸收方面还是水质净化消纳等方面效果都更为理想。若地表水体形成内河，有活水水源，能够形成流动循环，则不仅有助于快速进行雨水排放，还能形成良好的景观生态效果。若无条件建设内河，则集中式水体应多采取湿塘、湖泊的形式，少采取底部为硬质的人工水池形式。当然，若人工水池可以结合雨水净化与循环设施等，则可根据实际情况酌情调整。

图 5-21　住区内水体结合韧性措施剖面图

5.4.4　排水设施与精明排水模式构建

排水设施能够以较快的速度排走大量的雨水，令地表迅速恢复涝前状态，所以单纯从雨洪的排除与消解方面来看，排水设施的作用效果相较绿色基础设施更为明显，故在特大暴雨来临时，排水设施担负主要排水任务。对此我们一方面应适当地增设雨洪韧性工程设施，包括对管网适当扩容，提升管网密度和增大管径；优化雨水口，增加雨水口数量，以此提升区域的雨水下排速度；布置雨水净化装置，如雨水沉沙除油器、雨水口除污器等，可以通过吸附、沉淀、过滤、旋流等方式，去除掉雨水中的沉淀物、悬浮颗粒与油脂，达到净化雨水水质的目的。

另一方面应结合排水设施与绿色设施，如在地面设置带除污器的雨水口，通过渠道将其连接至雨水花园中心绿地，可以将更大量的雨水输送至内部进行消解而非外排；或在住区内设置雨水净化调蓄池，将收集的雨水进行层层过滤净化后排入底层的管网，即可将净化后的雨水注入住区景观水体与雨水桶留用（图 5-22）。这种结合的方式既可以发挥工程设施快速排流的优势，在峰时迅速转移大量地表径流，又可以将雨水大量蓄留，实现真正的雨洪韧性。

在住区区级雨洪韧性提升策略确定后，可以根据住区的具体建设情况对设施进行组合与空间布置，得到最适宜住区自身的雨洪韧性提升方案，几种典型模式如图 5-23 所示。另外，对方案实施前后的住区雨洪韧性表现进行 SWMM 模拟再验证，从而得到雨洪韧性空间优化改造策略的有效性判断。

5.4.5 完善上层政策管理与宣传教育

1. 完善上层政策应急机制

适水性住区应该做到常态防灾，根据住区的年均降水量、地表径流、景观植物用水等数据对住区内雨洪设施的数量和位置进行规划设计，建立避难场所和避难通道，以应对潜在灾害。住区的减灾建设实践需要构建完善有效的灾害应急机制，多部门参与住区防灾减灾，以确保住区的韧性防灾工作有序进行。住区相关应急部门应采用多元化管理方式，各层级、各方面都有各自的责任与职能（图 5-24）。在政府的主导下，各部门共同协调参与，形成弹性化多元应对协同发展的模式。

2. 提高公众参与度与宣传教育

公众参与是城市规划的重要组成部分，也是灾前灾害知识说明、防灾演习以及灾时危机沟通等的重要组成部分，因此在灾害应急机制的构建中，应在住区灾害防治的三个主要阶段（灾前预防、灾时响应和灾后恢复）加强与居民的沟通及信息反馈。

在灾前预防阶段，住区应通过组织机构的宣传教育，加强信息管理和基础设施的实时监控，鼓励住区居民积极参与，运用智慧技术构筑住区"安全共同体"。这些灾前预防的措施由信息平台灾前预防系统控制，充分发挥不同组织和系统在数据采集、加工方面的不同优势，同时还能使居民及时了解住区的防灾薄弱环节。提倡居民共同参与住区防灾地图绘制、住区救灾组织建立等活动，以便在灾害发生时能够更加高效

图 5-22 排水设施结合绿色设施

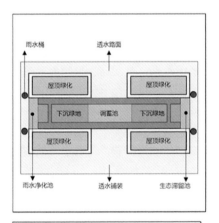

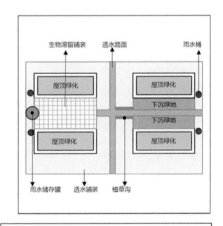

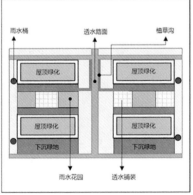

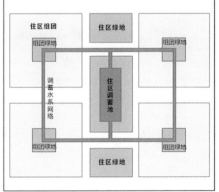

图 5-23 住区雨洪韧性提升典型模式

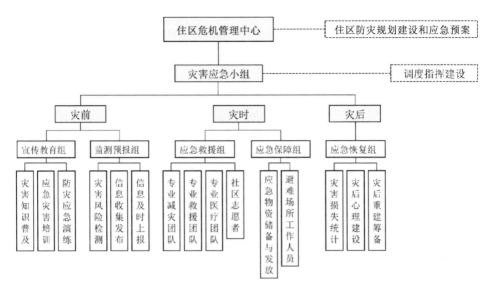

图 5-24　住区应急管理模式组织框架

地开展各项工作。在灾时响应阶段，迅速进行安全疏散和妥善安置是住区防灾建设的关键，通过组织机构的信息实时发布，实施疏散组织管理，组织居民自救与共救。应急资源的响应，保证了滨水住区灾时自适应过程的完整实现。居委会发挥灾时应急指挥、安置管理的职能，物业企业通过信息平台进行应急物资的启用和救灾设备的监管。居民通过居委会和物业企业的信息共享，及时采取相应响应措施，尽可能降低灾害带来的经济社会损失。在灾后恢复阶段，组织机构通过协调逐步开展重建工作，如住区环境恢复、基础设施修复、伤员救助与康复支持（表 5-1）。通过利用灾时的数据记录，评估防灾组织各环节的脆弱性，运用"反馈修正"的模式，进行恢复重建，提高住区的防灾水平。同时鼓励居民参与到灾后重建的过程中，可以加速灾后恢复的进程。

表 5-1　住区灾后恢复实现方式

应对主体		应对措施	智慧技术	应用实现
组织机构	居委会	制定恢复重建计划	大数据 物联网	信息获取储存管理使用平台
		灾后居民安置		
		受灾人员安抚康复与心理建设		
	业主委员会	给灾后受灾居民业主提供互助心理治疗		社交媒体应用软件
	物业企业	灾后协助住区内基础设施和公共场地的修复		信息管理平台
住区居民		自我恢复、干预治疗互帮互助、共同康复	互联网技术便携移动终端	社交媒体应用软件

资料来源：根据《基于智慧技术的弹性社区构建方法与实现路径研究》总结。

3. 建设智慧管理平台

近年来，国家高度重视数字化发展，而且随着科技水平的不断提高，数字化、智能化的应用管理模式逐步被运用到各行各业。2022 年 6 月，国务院发布《关于加强数字政府建设的指导意见》，随后全国各地相继出台相关政策，加快推进数字政府建设，提升数字化政务服务能力和社会治理能力。防汛救灾关系人民生命财产安全，关系粮食安全、经济安全、社会安全、国家安全。为提高防汛防洪、防灾减灾能力，各地方政府积极推进建立数字化防汛平台。数字化智能防汛系统可提供更加高效、精准、快速、科学的防汛作战方式，显著加强统一指挥、上下联动、协同运作，提高预警、调度和处置能力。

为保障人们汛期出行安全，实时监测洪涝风险，北京市应急管理局在 60 座下凹式立交桥布设了包括电子水位计、智能化气象站在内的新式积水监测设备，智能化气象站能够采集所在区域气压、气温、相对湿度、风向、风速、雨量、天空图像等气象水文指标数据。积水数据和其他气象水文指标数据会实时回传到后台汛情感知系统，由后台系统决定是否需要采取应急救援措施，如调动抢险力量、及时断路处置、迅速排除积水等。杭州市作为数字化改革的前沿城市，在防汛抗洪领域不断融入数字力量，使越来越多的智慧防汛手段"冲"在防汛第一线。其中，建德市推出"数智防汛"应用场景，通过数据归集分析、业务流程再造，实现对汛情的事前预警、事中处置、事后恢复的全流程闭环管理，形成了一套贯通线上线下的防汛指挥网络，进一步落实了基层防汛责任，提高了防汛指挥效率。

数字化平台的搭建有望弥补我区防汛工作中存在的部分短板。

（1）打造积水监测平台，建立水量监测"几个点"

防汛防洪对时效性要求极高。人工监测及报告难以保证准确性和实时性，尤其在遭遇短时强降雨时，会严重影响指挥调配和救援时效。而配备新型积水监测设备和遥测终端，可以实时获取各风险点位积水深度、积水状态、警戒水位、警戒电量等关键数据。在关键数据实时回传到管理平台后，GIS系统会直观展示积水情况，由此指挥中心能够掌握所有风险点位的积水信息，从而全面精准地进行应急处置。

（2）建立精准预警平台，构建监测预警"一张图"

数字化防汛预警管理系统具有多项重要功能。首先，它能够实时监测各个风险点的运行状态，及时发现异常情况。其次，系统能够对各个风险点进行风险评估和预警分析，预判潜在风险。再者，系统可自动生成预警报告，及时向指挥部和应急队伍传达预警信息，以便指挥部能够迅速应对突发情况。此外，系统能够对历史数据进行储存、分析和挖掘，为事故原因的查找和确认提供有力支持。

（3）创建联动指挥平台，打造精准处置"一张网"

防汛应急人员布控覆盖面广、分散性强，涉及应急、公安、消防、交警、城管、城建、卫健等多个横向部门，以及街道、住区多个纵向单位。通过建立防汛指挥联动平台，录入各个风险点负责人联动通讯录，可对全区防汛人员实现线上指挥调度，打破各指挥系统横向部门、纵向层级的信息壁垒和障碍。指挥平台可迅速将事件的位置、简要情况等信息作为应急指令推送给联动终端。指挥部可通过人员定位及轨迹预测到达现场时间，更合理地部署具体工作任务。防汛人员通过移动终端及时获取指挥部综合决策信息，提高应急处置效率，实现一网通管，全域覆盖。

（4）加强顶层设计，落实保障措施

加强数字政府建设顶层设计，发挥领导小组统筹作用，定制细化实施方案，明确牵头和责任部门，确保主要任务和重要举措落地实施。一是加强资金支持。要合理规划安排项目与经费，加大对数字化防汛平台的支持力度。二是提供人才支撑。加强对数字化发展领域相关项目团队及高端人才的引进，打造数字化建设创新型人才和青年干部培养体系。三是健全监管体系。制定平台建设监督评估办法，运用第三方评估、专业机构评定等方式开展评估评价，对不满足平台建设要求的，不予审批立项，不予资金支持。

5.5 水气候空间模式优化

5.5.1 宏观——蓝绿空间网络系统规划

1. 构建微气候调节网络，协同开放空间系统

传统上，往往将蓝色空间和各类绿地空间视为独立系统来论述。然而，这些空间实际上构成一个整体，即城市内层层互通的山水林田湖系统。只有深入挖掘它们在生态、功能等各个层面的内在联系，才能发挥出交织叠加的完整价值。例如在水利、生态调控、景观休闲等多个层面产生协同效应。在研究过程中应破除单一空间的观念束缚，重视探索不同开放系统的统一整体性。这对深入理解城市园林体系的内在机理及优化规划调整具有重要意义。

网络通常采用"点-线"的拓扑关系来描述空间资源的流动性。在景观生态研究中，"斑块-廊道-基质"网络模型被广泛应用。它通过廊道连接斑块，实现生态元素在区域内的流通，即从线性廊道展开至面域覆盖范围的全面网络。这种方法既能保障资源在区域内的流通，也能在有限条件下做到资源的最大规模利用。

全域蓝绿空间网络设计分别从以下几个角度展开阐述：一是从对象角度，不仅包括传统绿地与水域规划，也包含城市各类公共空间，着眼于绿色资源的统筹配置。二是从空间形态美学角度，注重城乡自然景观的内在结合，有助于提升城市环境品质和组织新旧城区结构。三是从支持社会活动角度，强调网络提供慢生活方式下的休闲服务，凸显健康生活理念。综上，全域蓝绿空间网络的构建实质上体现了绿色城市设计的内在理念。

与单个、分散的大型绿地及廊道相比，全域蓝绿空间网络具有以下优势：网络高度集成交叉，有利于生态元素在区域内充分流通循环，提升自我调节能力。网络能与城镇空间紧密耦合，提升城市建成环境的综合服务水平。网络以多样、自然和高效的形式，促进城乡生态与人类和谐共生。此外，韧性绿色基础设施在网络构建中具有重要的地位，作为基础和保障要素，其线路选择和规模应成为蓝绿规划设计的首要考量因素。

构建再自然化的全域性蓝绿空间网络应对建成环境对自然的侵害，具有两方面的作用。

① 在设计干预下恢复自然要素自身形态，实现生态系统的自然运作。例如以再自然化形态修复对河道进行的裁弯工程，以海绵城市修复对土地的硬质化铺装等。

② 在城市中恢复自然，通过设计将消极的空间转变为积极空间，实现城市空间修补。例如新加坡加冷河改造案例中，原本用于排涝的混凝土沟渠被改造成蜿蜒曲折的自然河道，以便居民可以在环境优美的滨水空间中休闲，同时也为动植物提供了良好的生存环境，令公园内动植物种类显著增加。该项目将城市基础设施与生态环境进行结合，使自然重新融入城市之中，体现了生态修复与城市空间协调的设计理念。

2. 串联地表水系统，实现自然水系统循环

流域内各类水体如湖泊、河流等通过地表径流等途径实现水的串联转移，共同构成一个完整的地表水循环系统。此系统在保持水资源平衡的同时，也孕育了丰富的生物多样性。

为提升人工水系对自然水系的影响，提出构建"人工自然水系统微循环"的理念。重点包括以下几个方面。

① 结合城市布局设计循环利用地表和蓄水池之间的小规模人工河道系统；

② 引导限流，保留部分沟渠沿岸及河床植被，培育次生生态；

③ 改造截流道路，建设隧道等，建立人工水系与自然水系的联系；

④ 将水进行净化后回输至自然水体，形成"小"的生命循环。该模式旨在优化城市水系与自然水系的动态交互关系，实现可持续利用。

5.5.2 中观——住区建筑布局优化

1. 优化建筑整体布局，改善住区微气候环境

适水性住区要满足滨水住区的水气候适应性效能，旨在一定程度上缓解城市热岛效应，改善滨水住区内部微气候，提升人体舒适度。水气候要素分为风环境、热环境、空气湿度以及降水环境等。水气候条件与人类的各项活动息息相关，会影响城市各个维度的规划建设，对城市的形态结构、街道走向、建筑布局以及土地利用等维度均具有潜在或者直接的影响。住区层面的适水性微气候设计策略应关注物质空间与水环境的关系，通过良好的物质空间设计，营造良好的街区微气候，比如在夏热冬冷地区，进行建筑布局与通风廊道的设计，使得夏季住区的风环境较舒适。进行住区与水体和适水性基础设施的耦合设计，在夏季为住区吸热降温，冬季又能在一定程度上，通过建筑的围合减少旋风、风影区的产生，从而创造宜人的住区微气候。

适宜的建筑密度可以有效地调节控制空间环境内部的气温与风速。建筑密度越高，意味着建筑高度与间距之间的比值越大，可见天空的面积就会相应减少，这就意味着地面向天空的散热也会相应地有所下降，使得滨水区内由建筑围合形成的小型广场空间具有保温效能，如居住区内部的广场空间等，但过高的建筑密度不利于水环境对住区内部空间的渗透。另外，寒冷地区冬季日照时间短，太阳角度低，更应满足一定的日照时长，建筑与建筑之间有一定的日照间距。因此建筑密度应该在满足空间环境内部日照和经济条件的前提下，适当降低，保证住区内部的开敞空间布置。

在住区的空间布局中，应考虑建筑的组合布局与形态，对于开放空间系统应考虑其体系的完整性与联系性。对于建筑的布局与组合，面宽更长的高层建筑更容易形成大范围的风影区，不利于滨水住区与水环境之间的气流交换，因此在符合住区的使用功能下尽可能减小建筑的面宽，面宽较短的行列式与点群式布局更有利于良好滨水住区的风环境与热环境的营造（图 5-25、图 5-26）。滨水住区内的高层建筑容易形成峡谷风，而建筑物的阴影区域则容易产生热压通风，不利于夏季通风，因此应当降低建筑地面覆盖率，提高空地率，通过建筑错位布置等方式增强滨水界面的互动性、渗透性和开放性。对于围合式建筑布局，可以考虑采用建筑底层架空设计，增加滨水微气候的空间渗透，增加街区内部的空气湿度，改善街区空间微气候，创造良好的微气候环境。

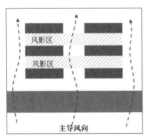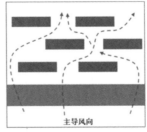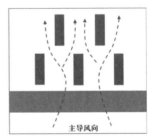

图 5-25　行列式布局优化策略示意图

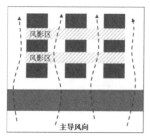 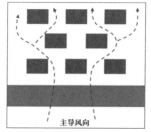 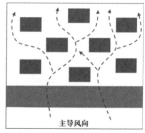

图 5-26　点群式布局优化策略示意图

2. 控制建筑朝向关系，丰富建筑高度组合

在滨水住区的规划设计中，应注重住区的建筑布局、建筑形态、路网结构等空间环境对水环境的适应性。建筑布局与形态设计上应考虑良好的组合，减少高层建筑旋风的产生，同时将风速控制在让人体舒适的范围之内。路网走向上应尽可能将路网与水体垂直布局，以促进水景观的渗透以及水环境微气候效能影响范围的扩大。路网走向与开放空间系统的设计应考虑与城市主导风向的结合，使得住区具有良好的通风条件，从而在一定程度上缓解热岛效应，形成"冷廊效应"。应最大限度地提高水环境对微气候优化作用的程度，并扩大这一作用的空间范围。

关于建筑朝向方面的优化策略，应综合考虑城市季风盛行风向与水系和滨水住区建筑的空间组合形式，采用并列、错落等建筑组合方式，与盛行风形成一定的夹角，减少风影区和旋风的形成。滨水建筑群增加主导风向上的建筑错动，同时保持平面布局的整体性，有助于通风廊道的形成，更利于与河道产生气体交换。与季风盛行风向的夹角更大的建筑群能够获得更好的通风降温与增湿效果，较为理想的状态是建筑群位于与主导风向夹角大的水系的下风岸，此时能够获得较好的降温与增湿效果，水气候的效能最大化。但由于寒冷地区对日照的需求，在考虑建筑与水体和主导风向夹角的同时，应该首先满足建筑对日照条件的要求。

在滨水住区内为创造良好的通风环境，应考虑控制建筑从水体到陆地的建筑高度层次变化。根据对高度组合影响的分析可以看出，高低组合模式最有利于城市通风环境的构建，其意味着建筑物的高度组合应保持一定的斜率（图 5-27、图 5-28）。通过具有一定梯度的高度变化，由建筑物的屋顶产生的加速风可以平滑地穿过阶梯状的屋顶，有效改善城市风环境，而且梯度风结构模型对水气候效应的高效利用也非常有

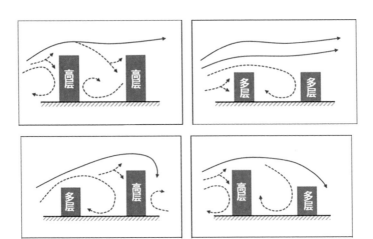

图 5-27　风环境与建筑组合示意图

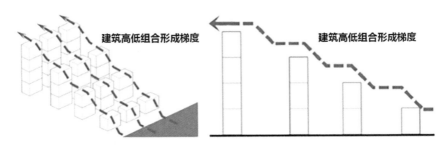

图 5-28　建筑高度组合梯度示意图

利。在风的影响下，建筑物的高度越低，潮湿和热量就越容易在垂直方向上扩散，因此垂直方向上的风的风量增加了。在迎风方向应该采用前低后高的建筑组合模式，高层建筑尽量后退，增强滨水界面互动性、渗透性和开放性，减小滨水建筑对河道风廊的阻挡，增强住区内部空间的适水性。

3. 串联住区开放空间，完善绿地景观格局

在水景观的开发与利用中，以创造出独特且吸引人的景观节点和视线通道为目标，以此来提升整体景观的层次感和视觉效果。同时，严格控制周边空间的容量和开发强度，以确保人工景观与自然景观之间实现有机融合，形成和谐美丽的整体景观环境。

在设计过程中，全面考虑住区内部的开放空间布局以及滨水区域的开放性。这不仅能够增加居民的公共活动空间，还可以提升居住区的生态价值和美学品质。为了进一步提高水景观的效益，设计方案应根据具体水体条件进行量身定制，充分发挥内部

水系的潜力。同时，应结合水体的自然特性和周边设施制定具体的设计策略，旨在最大限度地利用现有资源，并保持与原有水系的联系。这不仅有助于打造宜人的水景观，还能有效减少对水生态系统的破坏，确保环境的可持续发展。通过将住区内的各个水体有机地连接起来，可以建立一个完整且连续的开放空间体系。这样的体系不仅提升景观的整体协调性和连贯性，还为居民提供一种更加舒适和健康的生活环境。这一设计理念和方法，不仅符合现代生态规划的要求，而且为未来的水景观设计提供了可借鉴的经验和方法。

5.5.3 微观——开放空间与立体绿化

1. 采用复合种植，打造垂直绿化

在开放空间和立体绿化方面，应当尽量采用复合种植和垂直绿化，充分利用竖向的空间，以此来适应老旧城区较为狭窄的街道空间。例如在原有乔木层空间的下层补植灌木和地被，形成"乔＋灌＋地被""灌＋地被""单一地被"等多种模式种植。同时应根据当地气候条件、阳台树池高度、朝向等选择因素综合选择合适的树种。

2. 增加构筑物，营造良好的遮阴环境

在老旧城区的更新过程中，可通过增加廊架、外挑雨棚、膜结构等构筑物的方式增加阴影区域，解决建成空间缺少建筑阴影区域的问题，营造良好的遮阴环境，从而提升热环境舒适度。同时，应当将构筑物设置在老旧城区广场、街道等开敞空间的南部，以有效遮挡夏季阳光，减少太阳辐射量，提升街区热环境舒适度（图5-29）。

图5-29　廊道构筑物示意图

3. 增加水体降温装置，有效配合绿化

在广场等开敞空间可增加喷泉、水池等水体景观，也可在街道两侧增加雾化装置等水体降温装置，从而提高空间热环境舒适度，并提升景观效果。

① 在广场等开放空间内增设喷泉池等水体装置。在高温天气，这些水体装置对周围空气进行降温和湿化，有效减少热环境影响。

② 在街道两侧设置间歇式雾化装置。使用雾化装置，利用水分对空气进行降温处理。同时制造一定水汽，增加空气湿度，增强人体导热功能。

③ 充分利用水体的降温作用。在高温情况下，人们可在湖泊广场边进行短暂停留，利用其表面相对低温产生舒适感。

④ 提升植被覆盖度。水体可以搭配周边的植被，产生综合降温效果。

通过以上方式将公共空间纳入微循环体系，不仅能够缓解城市热岛效应，还使水资源生态利用功能最大化。这对提升城市热环境质量具有重要意义。

后　记

随着人类社会的不断发展和进步，我们对居住环境的要求也在不断提高。本指南的编纂，不仅是对寒冷地区水资源管理和生态环境保护诸多实践的一次系统总结，也是对未来城市可持续发展理念的一次深刻阐释。本书的出版，是我们对寒冷地区适水性住区理论研究和实践经验的一次成熟展示，也是对"人-水-城"和谐共生理念的一次有力推广。

在编写本指南的过程中，我们面临着众多挑战，其中最主要的挑战便是如何在严苛的自然条件下调和人与水的关系，以及如何将这种调和融入城市的规划和建设之中。我们深知，良好的居住环境不仅关乎居民的生活质量和幸福感，更是城市可持续发展的关键。因此，我们在严谨的科学研究基础上，融入了对本土文化和社会发展趋势的深刻理解，力求为寒冷地区的城市规划和建设提供一个全方位、多层次的指导框架。

本指南的每一章节，都体现了对水资源合理规划与管理的深刻洞察。从适水性的基本内涵出发，到适水性住区空间优化模式的详细阐述，每一部分都是我们团队对相关领域知识的精心提炼和创新总结。案例研究的部分更是如此，我们不满足于将全球范围内的优秀经验和实践呈现给读者，还尝试发现其中的共性和规律，以期为我国寒冷地区的城市规划和建设提供有益的参考和启示。

在此，我们希望通过这篇后记，将本书的编写背景和主旨再次呈现给读者，更希望能够激发更多专业人士对适水性规划的兴趣，并参与到促进城市和水资源和谐共生的实践中去。我们更期待本书能够成为推动寒冷地区城市规划和建设、提升住区规划理论和方法体系、推动城水耦合协调发展理念落地实践的一个有力工具。

未来的道路充满未知和挑战，但我们相信，只要我们坚持生态文明建设的理念，不断探索和创新，就一定能够为寒冷地区乃至全国的城市发展贡献我们的力量。在全球气候变化的大背景下，我们将继续致力于寒冷地区适水性住区技术的研究和推广工作，携手同行，共创人与自然和谐共生的美好未来。

在此，我们衷心感谢所有参与本指南编写的专家学者、规划设计师和实践者。同时，我们也感谢每一位读者的关注和支持，正是因为有了你们的认可和期待，我们的工作才能够不断向前推进。最后，我们期望本书能够成为寒冷地区城市建设的一个里程碑，为构建人与自然和谐共生的生活环境提供坚实的基础和不竭的动力。

参考文献

[1] 中华人民共和国中央人民政府. 中华人民共和国国民经济和社会发展第十四个
五年规划和2035年远景目标纲要[EB/OL]. 2021[2024-05-13]. https://www.gov.cn/
xinwen/2021-03/13/content_5592681.htm.

[2] 中华人民共和国生态环境部. 生态环境部: "十四五"水环境保护要更加注重
"人水和谐"[EB/OL]. 2020[2024-05-13]. https://www.mee.gov.cn/ywdt/
hjywnews/202008/t20200802_792336.shtml.

[3] 新华网. 总书记心中的美丽中国·水丨建设人水和谐的美丽中国[EB/OL].
2022[2024-05-13]. http://www.xinhuanet.com/politics/leaders/2022-06/04/
c_1128712059.htm.

[4] 人民网. 时习之丨建设人水和谐的美丽中国 习近平作出科学指引[EB/OL]. 2024
[2024-05-13]. https://news.cctv.com/2024/03/22/
ARTIArLvVQJkCT4Vqe4jSTM6240322.shtml.

[5] 中华人民共和国生态环境部. 中共中央 国务院关于加快推进生态文明建设的意见
[EB/OL]. 2015[2024-05-13]. https://www.mee.gov.cn/zcwj/zyygwj/201912/
t20191225_751570.shtml.

[6] 吴良镛. 人居环境科学导论[M]. 北京: 中国建筑工业出版社, 2001.

[7] BATTEN J. Sustainable Cities Water Index 2016: the Asian perspective [R]. ARCADIS,
2016-10-19.

[8] 杜朝阳,于静洁. 京津冀地区适水发展问题与战略对策[J].南水北调与水利科技,
2018, 16（4）: 17-25.

[9] LI Y J. China's actions on adaption to climate change[M]. New York: Springer International
Publishing, 2019.

[10] 林陌涵.住区开敞空间水敏性设计研究[D].南京：南京工业大学，2014.

[11] 李宗新.简述水文化的界定[J].北京水利，2002（3）：44-45.

[12] 郑连生.适水发展与对策[M].北京：中国水利水电出版社，2012.

[13] MAY C K. Resilience, vulnerability, & transformation: exploring community adaptability in coastal North Carolina[J]. Ocean & Coastal Management, 2019, 12（7）: 12-23.

[14] 俞孔坚.气候适应和韧性[J].景观设计学（中英文），2021，9（6）:5-7，4.

[15] 王水源.城水和谐视角下山地城市城水适应性规划分析——以上杭客家新城为例[D].南京：南京大学，2014.

[16] 刘畅.传统聚落水适应性空间格局研究——以岭南地区传统聚落为例[J].中外建筑，2016（11）：48-50.

[17] 卢熠蕾，孙傅，曾思育，等.基于适水发展分区的京津冀精细化水管理对策[J].环境影响评价，2018，40（5）：34-38.

[18] 杜宁睿，汤文专.基于水适应性理念的城市空间规划研究[J].现代城市研究，2015（2）：27-32.

[19] 李超，陈天.中观城水关系视角下"适水性"街区设计策略研究[M]//中国城市规划学会.活力城乡 美好人居——2019中国城市规划年会论文集（08城市生态规划）.北京：中国建筑工业出版社，2019: 850-868.

[20] 张妤.大连核心城区开放空间水适应性与优化策略研究[D].哈尔滨：东北林业大学，2021.

[21] HOOIMEIJER F, MEYER H, NIENHUIS A. Atlas of Dutch water cities[M]. Amsterdam: Sun Publishers, 2005.

[22] FLETCHER T D, SHUSTER W, HUNT W F, et al. SUDS, LID, BMPs, WSUD and more–The evolution and application of terminology surrounding urban drainage[J]. Urban Water Journal, 2015, 12（7）: 525-542.

[23] FUKUOKA T, KATO S. Green infrastructure implementation case study in Asia monsoon climate-in case of ABC Water Design Guideline in Singapore with sustainable stormwater management concept[C]. The 9th International Conference on Planning and

Technologies for Sustainable Management of Water in the City. GRAIE, Lyon, France, 2016.

[24] KATAOKA Y. Water quality management in Japan: recent developments and challenges for integration[J]. Environmental Policy and Governance, 2011, 21 （5）: 338-350.

[25] 中华人民共和国住房和城乡建设部.GB/T 51345—2018. 海绵城市建设评价标准[S]. 北京: 中国建筑工业出版社, 2018.

[26] REASER J K, WITT A, TABOR G M, et al. Ecological countermeasures for preventing zoonotic disease outbreaks: when ecological restoration is a human health imperative[J]. Restoration Ecology, 2021, 29 （4）: 88-96.

[27] SADEGHI S M, NOORHOSSEINI S A, DAMALAS C A. Environmental sustainability of corn （Zea mays L.） production on the basis of nitrogen fertilizer application: the case of Lahijan, Iran[J]. Renewable and Sustainable Energy Reviews, 2018, 95 （3）: 48-55.

[28] GOODRICH C, HUGGINS D G, EVERHART R C, et al. Summary of state and national biological and physical habitat assessment methods with a focus on US EPA region 7 states[J]. Open-file Report, 2005, 12 （135）: 59-68.

[29] MILLER D L, HUGHES R M, KARR J R, et al. Regional applications of an index of biotic integrity for use in water resource management[J]. Fisheries, 1988, 13 （5）: 12-20.

[30] LADSON A R, WHITE L J, DOOLAN J A, et al. Development and testing of an Index of Stream Condition for waterway management in Australia[J]. Freshwater Biology, 1999, 41 （2）: 453-468.

[31] ROWNTREE K M, DU PREEZ L. Application of integrative science in the management of South African rivers[J]. River Futures: An Integrative Scientific Approach to River Repair, 2008, 12 （6）: 237-254.

[32] DAVENPORT A J, GURNELL A M, ARMITAGE P D. Habitat survey and classification of urban rivers[J]. River Research and Applications, 2004, 20 （6）: 687-704.

[33] 孙晓刚, 伊兴华, 刘志鹏.长春市中海莱茵东郡居住区水体景观的评价与分析[J].江西农业学报, 2012, 24 （1）: 17-20.

[34] 过杰, 郭琦, 何文浩.城市景观水生态修复方法研究进展与发展趋势[J].水资源开发与管理, 2017（3）: 42-44, 79.

[35] ROWLAND I D. Vitruvius: 'Ten books on architecture' [M]. London: Cambridge University Press, 2001.

[36] TIGKAS D, MEDIERO L. Managing water resources for a sustainable future – Editorial [J]. European Water , 2020, 1（70）: 1-2.

[37] OKE T. Street design and urban canopy layer climate [J]. Energy and Buildings, 1988, 1（2）: 103-113.

[38] BANHAM R. Architecture of the well-tempered environment[M]. Chicago: University of Chicago Press, 1984.

[39] TYLLIANAKIS E, SKURAS D. The income elasticity of Willingness-To-Pay （WTP） revisited: a meta-analysis of studies for restoring Good Ecological Status （GES） of water bodies under the Water Framework Directive （WFD） [J]. Journal of Environmental Management, 2016, 182（1）: 531-541.

[40] CROSA G, STEFANI F, BIANCHI C, et al. Water security in Uzbekistan: implication of return waters on the Amu Darya water quality[J]. Environmental Science and Pollution Research, 2006, 13（1）: 37-42.

[41] VATURI A, TAL A, BORYS Z, et al. Water supply in emergency situations: security of water supply[M]. Dordrecht: Springer Link, 2007: 57-90.

[42] SHUVAL H, DWEIK H. Satellite monitoring of water resources in the Middle East: water resources in the Middle East[M]. Berlin Heidelberg: Springer-Verlag, 2007.

[43] SOPHOCLEOUS M. Global and regional water availability and demand: prospects for the future[J]. Natural Resources Research, 2004, 13（2）: 61-75.

[44] 王琳, 陈天.滨海地区城市水安全弹性分析——以中国112个城市为例[J].城市问题, 2017（9）: 39-47.

[45] 刘秀丽, 涂卓卓.水环境安全评价方法及其在京津冀地区的应用[J].中国管理科学, 2018, 26（3）: 160-168.

[46] 胡纹. 居住区规划原理与设计方法[M]. 北京：中国建筑工业出版社, 2007.

[47] GORDON C, CHEONG W K, MARZIN C, et al. Singapore's second national climate change study-Climate Projections to 2100 - Report to Stakeholders[R]. Singapore：Centre for Climate Research Singapore, 2015.

[48] 鲁钰雯, 翟国方, 施益军, 等. 荷兰空间规划中的韧性理念及其启示 [J]. 国际城市规划, 2020, 35（1）：102-110, 117.

[49] 邵亦文, 徐江. 城市韧性：基于国际文献综述的概念解析[J]. 国际城市规划, 2015, 30（2）：48-54.

[50] 沙永杰, 纪雁. 新加坡ABC水计划——可持续的城市水资源管理策略 [J]. 国际城市规划, 2020, 36（4）：154-158.

[51] 陶相婉, 祝成, 邵宇婷, 等. 新加坡城市水管理经验与启示 [J]. 给水排水, 2020, 56（11）：50-53.

[52] PUB. Singapore water story [EB/OL]. 2020[2024-05-14]. https://www.pub.gov.sg/watersupply/singaporewaterstory.

[53] 新华网. 新加坡首家可处理海水和淡水的双模式海水淡化厂投入运营[EB/OL]. 2020[2024-05-12]. http://www.xinhuanet.com/2020-07/14/c_1126237886.htm.

[54] Public Utilities Board. ABC waters design guidelines[R]. 3rd ed. Singapore: Public Utilities Board, 2014.

[55] URA. Master plan 2019[EB/OL]. 2019[2024-05-12]. https://www.ura.gov.sg/Corporate/Planning/Master-Plan.

[56] 黄玉贤, 陈俊良, 童杉姗. 利用城市绿化缓解新加坡热岛效应方面的研究[J]. 中国园林, 2018, 34（2）：13-17.

[57] RUEFENACHT L, ACERO J A. Strategies for cooling Singapore: a catalogue of 80+ measures to mitigate urban heat island and improve outdoor thermal comfort[EB/OL]. 2017[2024-05-12]. https://doi.org/10.3929/ethz-b-000258216.

[58] PUB. Managing stormwater for our future[EB/OL]. 2014[2024-05-08]. https://www.pub.gov.sg/drainage.

[59] YAU W K, RADHAKRISHNAN M, LIONG S Y, et al. Effectiveness of ABC waters design features for runoff quantity control in urban Singapore[J]. Water, 2017, 9（8）: 577.

[60] 王量量, 韩洁. 新加坡海平面上升应对策略对我国沿海城市发展的启示 [J]. 城市建筑, 2017, 261（28）: 119-123.

[61] 邱爱军, 白玮, 关婧. 全球 100 韧性城市战略编制方法探索与创新——以四川省德阳市为例 [J]. 城市发展研究, 2019, 26（2）: 38-44, 73.

[62] 陈天, 石川淼, 王高远.气候变化背景下的城市水环境韧性规划研究——以新加坡为例[J].国际城市规划, 2021, 36（5）: 52-60.

[63] 王逸轩.城市雨洪韧性评价体系构建与提升策略研究[D]. 天津: 天津大学, 2021.

[64] MOYER A N, HAWKINS T W. River effects on the heat island of a small urban area[J]. Urban Climate, 2017, 21（1）: 262-277.

[65] 邓鑫桂.滨水住区夏季热环境特征及其影响因子研究[D]. 武汉: 华中农业大学, 2016.

[66] 林朋飞. 沈阳市浑河滨水区热环境及空间形态耦合关联研究[D]. 沈阳: 沈阳建筑大学, 2020.

[67] 王柳璎, 李阳力, 陈天."双碳"目标下寒冷地区城市滨水住区夏季的热环境特征——以天津市为例[J].科技导报, 2022, 40（6）: 46-55.

[68] 马童, 陈天.城市滨河区空间形态对近地面通风影响机制及规划响应[J].城市发展研究, 2021, 28（7）: 37-42, 48.

[69] 中华人民共和国住房和城乡建设部. 城市居民生活用水量标准: GB/T 50331—2002 [S]. 2023年版. 北京: 中国建筑工业出版社, 2023.

[70] 中华人民共和国住房和城乡建设部. 民用建筑节水设计标准: GB 50555—2010[S]. 2023年版. 北京: 中国建筑工业出版社, 2023.

[71] 中华人民共和国住房和城乡建设部. 节水型生活用水器具: CJ/T 164—2014[S] . 北京: 中国标准出版社, 2014.

[72] 贾琼, 宋孝玉, 宋淑红, 等.基于LMDI-SD耦合模型的关中地区水资源承载力动态预测与调控[J].干旱区研究, 2023, 40（12）: 1918-1930.

[73] 周燕, 罗雅文, 禹佳宁, 等.流域国土空间水资源承载力评价及保护方法研究[J].人民长江, 2024, 55（2）: 125-133.

[74] 王昆漩, 陈威.基于改进模糊综合评价的十堰市水资源承载力评价[J].水电能源科学, 2024, 42（2）: 14-17.

[75] 陈梦婷, 程显霞, 王正君, 等. 基于主成分分析的黑龙江省水资源承载力评价研究[J]. 广东水利水电, 2023（10）: 51-54, 59.

[76] 李治军, 景安琳, 黄佳俊, 等. 基于主成分分析法的山西省水资源承载力分析[J]. 水利科学与寒区工程, 2022, 5（6）: 70-74.

[77] 海洋.基于SD模型的南疆地区节水发展及水资源承载力模拟评估[D]. 北京: 中国水利水电科学研究院, 2019.

[78] 贾梦圆, 陈天.基于土地利用变化模拟的水生态安全格局优化方法——以天津市为例[J].风景园林, 2021, 28（3）: 95-100.

[79] 秦贤宏, 段学军, 李慧, 等. 基于SD和CA的城镇土地扩展模拟模型——以江苏省南通地区为例[J]. 地理科学, 2009, 29（3）: 439-444.

[80] 向鹏成, 聂晟, 贾富源.基于SD模型的海绵城市建设风险传导效应评价研究[J].建筑经济, 2020, 41（2）: 108-114.

[81] 周丽, 孙潇涵.基于BP神经网络的浙江省水资源承载力状态评价[J].温州大学学报（自然科学版）, 2023, 44（4）: 25-31.

[82] 范昱楠.基于熵权-正态云模型的水资源承载力数据可视化评价分析[J].黑龙江水利科技, 2024, 52（1）: 32-36.

[83] 庞博文, 李治军.基于SD-SVM模型的辽宁省水资源承载力发展趋势预测[J].农业与技术, 2023, 43（15）: 101-108.

[84] 贾梦圆, 陈天, 臧鑫宇. 耦合水资源环境的城镇用地扩张多方案预景与规划路径——以天津市为例[J].城市规划学刊, 2021（3）: 58-65.

[85] 国家发展改革委, 水利部, 市场监管总局.关于印发中华人民共和国实行水效标识的产品目录（第四批）及水嘴水效标识实施规则的通知（发改环资规〔2023〕1516号）[EB/OL]. 2023[2024-04-21]. https://www.ndrc.gov.cn/xxgk/zcfb/ghxwj/202311/t20231124_1362234.html.

[86] 国家发展改革委, 水利部, 市场监管总局.中华人民共和国实行水效标识的产品目录（第一批）[EB/OL]. 2023[2024-04-21]. http://www.waterlabel.org.cn/userfiles/2/files/cms/article/2018/01/%E9%99%84%E4%BB%B61-%E7%9B%AE%E5%BD%95.pdf.

[87] 国家发展改革委, 水利部, 市场监管总局. 关于印发中华人民共和国实行水效标识的产品目录（第二批）及相关实施规则的通知 国务院部门文件 中国政府网[EB/OL]. 2023 [2024-04-21]. https://www.gov.cn/zhengce/zhengceku/2020-10/18/content_5552168.htm.

[88] 国家发展改革委, 水利部, 市场监管总局.中华人民共和国实行水效标识的产品目录（第三批）[EB/OL]. 2023[2024-04-21]. https://www.ndrc.gov.cn/xxgk/zcfb/ghxwj/202112/P0202112134051855.

[89] 王为标, 申继红.中国土石坝沥青混凝土心墙简述[J].石油沥青, 2002（4）: 27-31.

[90] 李超. 多元视角下城市滨水街区"适水性"评价与优化研究[D]. 天津：天津大学, 2022.

[91] 樊丽君. 雨水景观化利用在住区绿地中的应用研究[D]. 株洲：湖南工业大学, 2018.

[92] 张松露. 对城市总体规划水资源论证工作的思考[J].资源节约与环保, 2016（11）: 145.

[93] 黄建水.新时期治水的内涵和任务——习近平同志重要治水思想学习体会[J].水利发展研究, 2014, 14（9）: 17-18, 23.

[94] 张晓明.资源环境承载力测算与提升视角的乡镇国土空间规划编制方法和技术要点[J].上海城市规划, 2022（6）: 66-72.

[95] 张瑞.城市规划水资源论证的技术难点探讨[J].城市建设理论研究（电子版）, 2019（17）: 10.

[96] 胡鹏程, 许钰, 施海波, 等.城市规划中污水的治理与水资源利用[J].石河子科技, 2022（1）: 52-53.

[97] 宋雨霏. 寒冷地区城市滨水住区适水性评价体系研究[D]. 天津：天津大学, 2022.